ANTHROPOCENE

図説
人新世

│ 環境破壊と気候変動の人類史 │

ギスリ・パルソン=著

長谷川眞理子=監修

梅田智世=訳

東京書籍

序文

監修者
長谷川眞理子

ケネス・クラークという英国の美術史家がいた。西洋美術に関する大家で、たくさんの著書を残した。その中に、『Civilisation』という書物がある。同書は彼がプレゼンターを務めた同名のテレビシリーズが元になっていた。1960年代のことである。古代ギリシャのあたりから始まって、中世、ルネサンス、科学の始まり、産業革命、そして現代と、美術を中心としながら、西欧文明史を語ったものだ。

私は、この『Civilisation』という書物からは、美術の話だけではなく多くのことを学んだ。それは、題名が示すとおり、西欧文明というものの本質について語っているからだろう。そのテレビシリーズの最後のほうで、クラークは、英国グリニッジの壮大な建物の中を歩きながら、「文明とは何でしょう?」と問いかける。そして、高い天井のすみずみまで天井画のほどこされた美しい建物の全体を指しながら、「こんなものを心地よいと感じることではないか」と言う。

このテレビシリーズの放送が1969年。その頃までは、こんなに牧歌的に文明をとらえる態度で大丈夫だったのだろう。もちろん、ケネス・クラークという人物の個人的な世界観もあるが、当時の有名な美術史家として、そのように文明を素晴らしいものと肯定的に受け取って表明できていたのだ。

確かに西欧文明は素晴らしいのではあるが、「こんなものを心地よいと感じ」、快適さを求め続けていくことの裏には、大きな損失もあった。今や、その負の部分に目を向けないわけにはいかない。その実態を見極め、これまでのような快適さの追求から方向転換せねばならないだろう。

本書は、近現代の文明が、人々の暮らしの快適さを求め、国民総生産を増大させていく中で、地球全体に対してどんな負荷をかけてきたのかの実態を示すものだ。温暖化ガスの排出による気候変動の問題、森林破壊の問題、生物多様性の減少の問題など、個別には、これまでにも取り上げられてきた。しかし、2015年に国連で策定された「持続可能な開発のための2030アジェンダ」で掲げられた目標（SDGs）が世に出てから、これまでになく急速に、これらの問題の全体像が知られるようになった。要するに、現在の私たちが享受している文明生活は、持続可能ではない、ということなのだ。

1969年のケネス・クラークは、文明に関するこんな側面を想像すらしていなかったのではないだろうか？　それは、世界のほとんどの人々がそうだったのだ。1972年に世界の学者たちの集まりであるローマ・クラブが『成長の限界』という報告書を出した。これは、当時のような経済成長を続けていこうとしても、いずれは限界が来るということを示していた。地球は1つしかなく、その資源は有限だからだ。しかし、当時はまだまだ高度経済成長の時代で、個別の公害問題というのは、経済成長の負の面として認識されたが、文明の本質的などん欲さに対する反省はなかった。

1992年にリオデジャネイロで開かれた国連環境開発会議は、温暖化をはじめとする地球環境の破壊の深刻さに関して重大な警告を発した。

それまでにもこの手の国連の会議は何度もあったのに、なぜ1992年の会議が注目されたかと言えば、ソ連が崩壊し、東西冷戦が終結したためだと言われた。冷戦という状況がなくなり、世界各国の競争は、軍事的なものから温暖化対策の舞台へと移ったというわけである。そこで、気候変動枠組条約が採択され、多くの国々が共に地球温暖化対策に取り組むことになった。それでも、温暖化など本当は生じていない、生じているとしても、人間が排出する二酸化炭素のせいではない、などなどの議論がうずまき、一向に世界的な合意が得られなかった。気候変動枠組条約締約国会議（COP）は、ほぼ毎年開かれてもう26回にもなるのに、具体的な成果はあまり見えない。

最近の異常気象は、誰の目にも明らかだろう。日本だけでなく、世界中での現象だ。また、プラスチックゴミの問題、融ける氷河の問題、原子力の問題など、多くの問題が、文明のあり方の問題として取り上げられるようになった。やっと、私たちの現代文明のかかえる問題が、全体像として認識されるようになったということだろう。

そして、この時代は、46億年の地球史から見ても、これまでにはなかった1つの時代として刻まれるだろう、と考える人々が出てきた。それが、「人新世」という新たな地質時代の設定の提案である。本書は、人新世とは何かを、多角的、かつ包括的に描いている。

人間が文明を持ち、快適さを追求し、経済成長を追求して、地球の環境を改変してきたことによって、地球環境全体のバランスは、確かに崩れてしまっている。しかし、「人間」とは誰かというと、世界中に住むすべての人間なのではない。ヨーロッパも北米も南米も、アジアもアフリカも、どこに住んでいる人たちも一様にこの破壊に加担してきたわけではない。先進国が、クラークの言うところの「心地よいものに囲まれた快適な生活」を実現していくうえで、途上国の環境を破壊し、人々の暮らしをみじめにしている。しかし、その途上国の人々も、先進国の「快適な生活」を目指している、という矛盾がある。人新世の問題は、同時に、地球上の経済格差の問題でもあるのだ。都市に住んで快適な生活を享受している私たちは、途上国のそんな現場を知らない。

本書は、これらの問題について、わかりやすい解説をすると共に、インパクトの大きい写真を豊富に用いて、読者のイメージの形成に役立てている。気候変動の問題は、とかく政治的な立場の問題であるかのように論じられてきたきらいがある。しかし、地質学、気象学、生態学、人類学といった学問が真摯に取り組んできた結果を見れば、政治的立場が何であれ、私たちが、文明とその将来について、再考せねばならないことは明らかだろう。本書の最終章では、これからどうするのか、希望はあるのか、について書かれている。これからの世界を変えていくのは若い世代の人々だ。多くの若い人たちに本書を手に取ってほしい。そして、世界を変える手だてを考えてほしいと願う次第である。

（はせがわ・まりこ　総合研究大学院大学学長、自然人類学者）

CONTENTS

PART

3

さまざまな現象

PART

4

希望はあるのか？

地球は今や人間のものだ。
この無制限の所有には、
どのような義務が伴うのだろうか

ヘンリー・フェアフィールド・オズボーン・ジュニア著
『Our Plundered Planet（略奪されたわれらが惑星）』（1948年）より

かつて自然と呼ばれていたものは
突如として人間の営みになり、
逆に人間の営みは自然になった。
その変化の規模と永続性は、
ほんのわずかな前進も含め、
先へ進むための手段と展望を
根本的に変えてきた

ダナ・ハラウェイ著
『Staying with the Trouble（トラブルと共に生きる）』（2016年）より

人新世（アントロポセン）という用語は、
地球上に見られる圧倒的な証拠をもとに、
地球の最新の地質年代を、
人類の影響を受けた時代──つまり
『アントロポジェニック（人間に起因する）』な時代と
定めるものであり……

ウェブポータル「Welcome to the Anthropocene（人新世へようこそ）」
（www.anthropocene.info 2019年）より

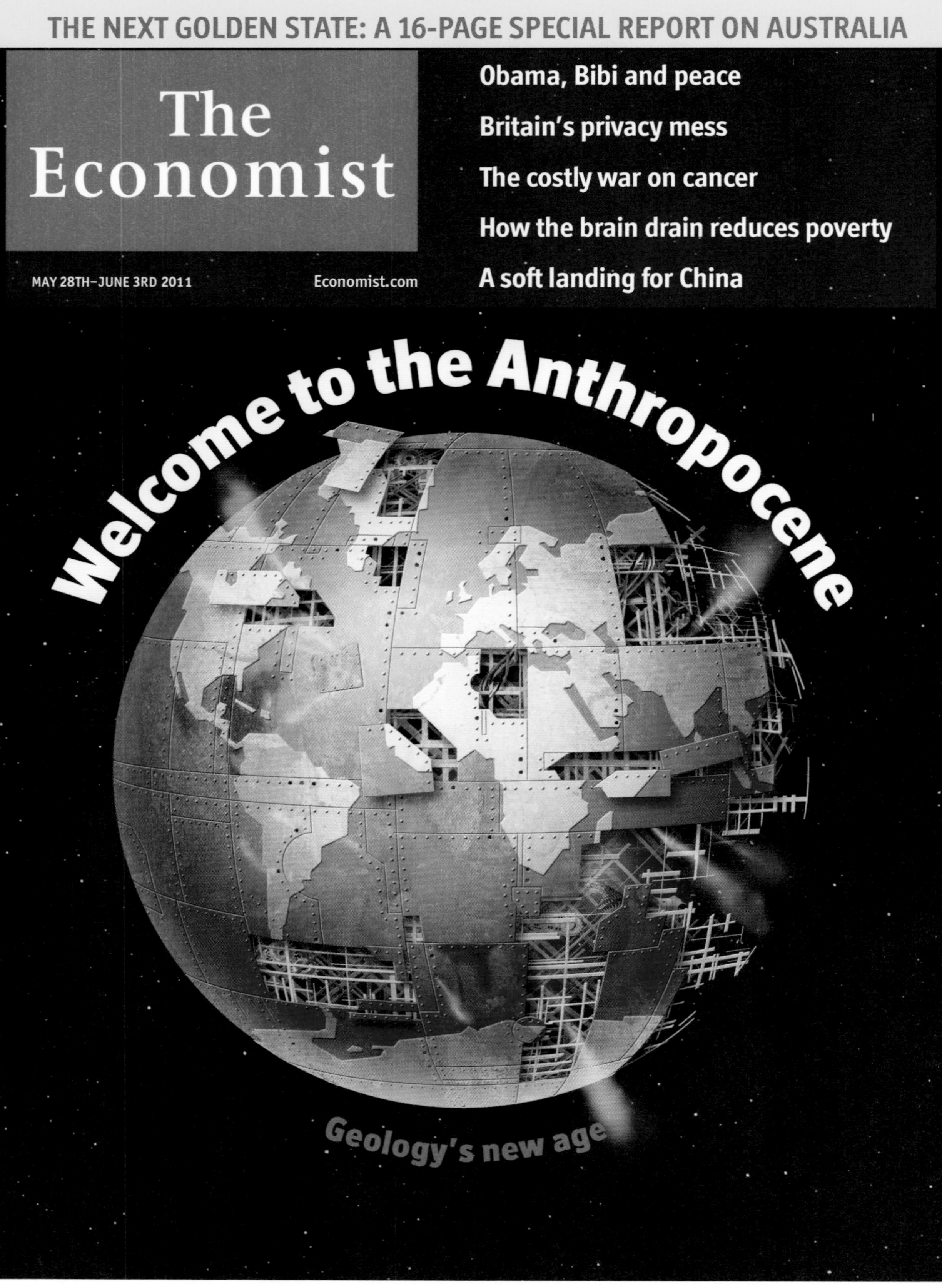
THE NEXT GOLDEN STATE: A 16-PAGE SPECIAL REPORT ON AUSTRALIA
The Economist
MAY 28TH–JUNE 3RD 2011
Economist.com
Obama, Bibi and peace
Britain's privacy mess
The costly war on cancer
How the brain drain reduces poverty
A soft landing for China
Welcome to the Anthropocene
Geology's new age

『エコノミスト』誌の表紙、2011年5月28日〜6月3日号。

1

はじめに：新たな時代

2011年夏、「〔新たな地質年代〕人新世へようこそ」というコピーと共に、印象的な地球の絵が『エコノミスト』誌の表紙を飾った。漆黒の宇宙に浮かぶ地球は、表面を金属板、ボルト、ナットで覆われ、金属板がところどころ剥がれ落ちている。裂け目から内部の骨組みが露わになり、赤々と燃える炉が垣間見えている。この惑星は内も外も明らかに人類の手によりつくられたものだ。そして、どうやら急速に温まっているらしい。このイラストは大きな真実を語っている。過去数十年、人間の活動が拡大するにつれ、地球の生態系はかつてない規模で変化してきた。この時代に名前をつける必要がある——多くの人がそう考えたのも無理はない。その名が「人新世（アントロポセン）」である。なかには、人新世の明るい未来を思い描く人もいた。地球温暖化によって従来の寒冷地域が暖かくなれば、新たなチャンスが生まれるかもしれない。たとえば、カナダの北極諸島を抜けて北大西洋と太平洋を結ぶ新しい北西航路が開かれるという、何世紀も浮かんでは消えてきたヨーロッパの夢が実現するではないか。そんな希望を抱く人がいる一方で、人新世はどう考えても破滅的で、醜く、危険な時代になると考える人もいた[1]。

『エコノミスト』の軽快で挑発的なコピーには、

海氷が融ける夏の間、ロシアのウランゲリ島がホッキョクグマの避暑地となる。深刻な気候変動により、ホッキョクグマはかつてないほど長い期間を海氷ではなく陸地で、つまり主要な食料源から離れた場所で過ごしている。

ほのかな傲慢さも感じられたのではないだろうか。この見出しには招く者と招かれる者を分断するような響きがある。そもそも誰を招待しようというのか。いったいどんな祭典（その表現が適切だとしたら）を催すというのか。人新世における環境有害性の大きさについて判明していることを考えれば、「ようこそ」という表現は軽率で、不快でさえある。「ホロコーストへようこそ」というコピーがあったら、と想像してみるといい[2]。人新世への招待という比喩表現には、さまざまな解釈ができるだろう。2011年の『エコノミスト』読者の大半にとって「人新世」はなじみがなく、説明を要する言葉だった。だが今やこの用語は、メディア、学術、文学、視覚芸術など多くの分野に浸透している[3]。2020年2月の時点でGoogle検索したところ、数百万件以上の結果がヒットし、その数は日々増え続けている。

「人新世（アントロポセン、Anthropocene）」は、「人」を意味する「Anthropo」と、一般に地質年代の「世」を表す接尾語「cene」を組み合わせた語だ。この言葉が暗示するとおり、人間の活動が及ぼす影響は、より以前の地質年代に見られた痕跡と同様、地球や人体に刻まれ、さまざまな形で現れている。2019年にイタリアで行われた気候変動デモで披露された地球（写真）は、あの『エコノミスト』の地球とはまったく違っていた。今や人新世は紛れもない悪であり、世界は炎に包まれている。人新世のイメージと評判は、わずか8年のうちに根本から変わった。地球温暖化は地球高温化に変わり、人類は大惨事へ向かう道を敷いてしまったのだ。

人新世の物語はまだまだ続く。私たちの未来、そして人類と生命そのものの運命にとって重要なのは、十分な情報を集め、深い関心を持ち、行動に備えることだ。本書では、人新世という語が生まれた経緯と理由、それが意味すること、そこから生まれる賛否両論を概説する。また、この用語に

欠陥があるとされるのはなぜか、それにもかかわらず、今日の環境有害性に対する取り組みを促進するうえで有益かつ中心的な概念と見なされるのはなぜなのかを掘り下げていく。人新世という概念は、当初は単なる地質学の学術用語として、つまり新たな地質年代に呼び名をつけ分類するための手段として考案されたものだった。しかし、人新世はそうした枠に閉じ込められることを拒み、今や、自然史と社会史の垣根を崩すテーマとなっている。人類はすべてを左右する要因になっただけでなく、地質の、つまり地球そのものの一部になった。万物は地質学であると同時に、人間に関係するものなのだ。

本書では、人新世の概念だけでなく地球の環境危機も取り上げる。極端な異常気象、氷河の融解、死にゆく海、消えてなくならないプラスチックなど、人新世で起きている変化と、それが特定の状況で日々の暮らしにもたらす影響と課題を探っていく。本書は人新世に関するすべてを網羅した百科事典ではない。網羅しようとしたら数十巻の事典になるだろう。本書の狙いは、重要な事例やテーマを視覚的な資料と共に提示し、現代世界における私たちの新たな居場所と地球の危うい状態を浮き彫りにすることだ。とりわけ切迫しているのが、地球史上6番目の大量絶滅の波という課題である。地球の歴史物語の主役は人類だけではない。本書では、ほかの立役者たち——動物、植物、微生物、山脈、海、湿地にも注目していく。人新世とは、人類を超えて地球「そのもの」へと私たちの視界を広げさせる概念なのだ。

人新世になってから起きた種の絶滅と、その結果としての多様性喪失は、いわゆる「プラネタリーヘルス（地球の健康）」にとって重要な意味を持っている。2019年末から2020年にかけて、新型コロナウイルスが地球規模で拡散した。新型コロナウ

「悪しき人新世」：2019 年にイタリアで行われた気候変動デモ。

イルス感染症のパンデミックと、それが公衆衛生、海外旅行、経済にもたらした壊滅的な被害は、完全な自然災害ではなく、人間の活動が生み出した副産物と言えよう。感染症流行を引き起こすのは、地球や生物の生息環境、そして生命そのものをつくり変え、宿主から「ウイルスを無理やり解き放つ[4]」人間の営みであることが明らかになりつつある。本書の執筆時点では、ウイルスの拡散や、迫り来る感染拡大への対策に政府と市民が忙殺されているため、新型コロナウイルス感染症と人新世との関連性は、一般メディアでは比較的控えめなトーンで報じられるにとどまっている。だが、パンデミックによる交通の抑制や停止の結果、数週間と経たないうちに、私たちは人間の移動に伴うカーボンフットプリント（炭素の足跡。個人や組織による CO_2 排出量や環境負荷を表す）の規模を改めて思い知ることになった。北京など交通量が特に多い一部都市では、大気汚染がたちまちのうちに減少して

いる。観光旅行が激減した結果、ヴェネツィアの運河もきれいになった[5]。

　人新世という概念、そして現実により浮き彫りになった劇的な展開を思えば、人類と環境の関わりの歴史、未来に向けた展望、そして行動を起こす好機に思いをめぐらせずにはいられない。本書では、人新世と折り合いをつけ、環境と社会を損なう影響を緩和もしくは逆転させるための人類の試みを掘り下げていく。そのためには、希望と行動、とりわけあらゆるレベルでの有意義な団結に注力することが重要だ。この壮大で急を要する、今まさに取り組むべき試みが失敗に終われば、若き人新世の夜明けは、その終わりを──つまり人類の歴史の終焉をも告げることになるだろう。

ギスリ・パルソン

レイキャヴィク（アイスランド）

2020 年 5 月

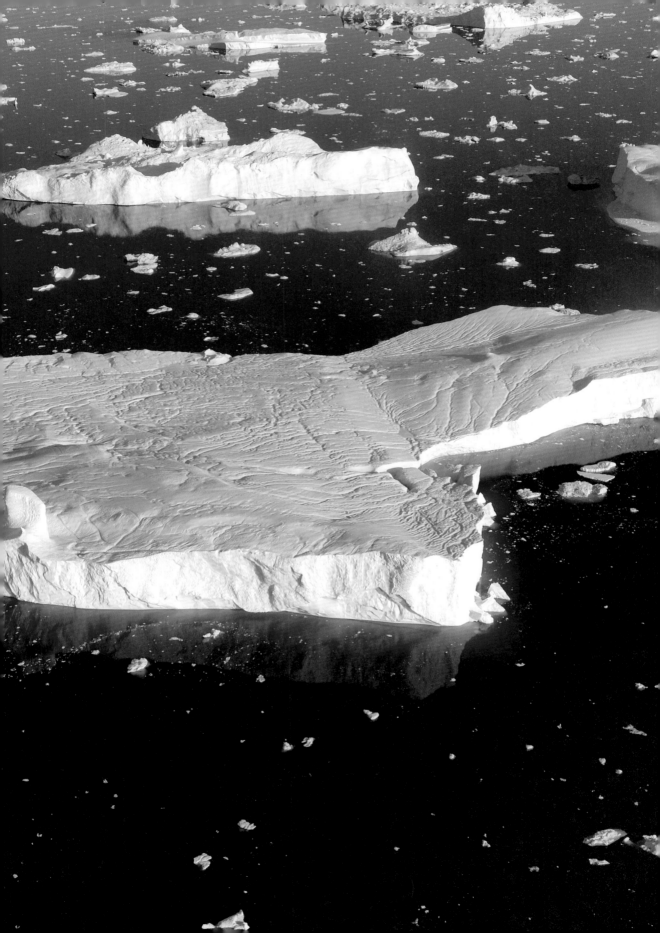

PART

1

Prelude 前奏曲

グリーンランド、イルリサット近くの海氷の消失、2019年夏。

2

人新世をめぐる議論

　科学と技術はありとあらゆる問題を解決できる。西洋社会がそう結論づけたまさにそのとき、暗雲がたちこめ始めた。地球の限界をめぐる活発な議論が交わされるようになったのは、20世紀半ば頃からだ。1979年、スイスの作家マックス・フリッシュは『Man in the Holocene（完新世の人間）[1]』の中で、「このような時代には小説は何の役にも立たない。小説が扱うのは人間と人間関係……そして社会といったものだ。まるで、それらのための場所は保証されている、大地はどんな時代にも大地であり、海面はどんな時代にも一定だと言っているようではないか」と洞察している。建築家でもあるフリッシュは、「このような時代」に名前をつけなかったが、迫り来る変化を予期していたようだ。その後、米国の環境歴史学者ドナルド・オースターが1988年に『The Ends of the Earth（地球の終焉）[2]』を上梓するまで、新たな時代に言及する者はいなかった。人類が「壮大な儀式のクライマックスに近づきつつある」と主張したオースターは、「われわれはある時代から別の時代へ、現代史と呼ばれてきたものからまったく予期せぬ別の何かへ移行しつつあるのではないか。そう問わずにはいられない」と書いている。その「別の何か」こそが「人新世」なのである。

パリアキャニオン・バーミリオンクリフス自然保護区（米国アリゾナ州）。ジュラ紀の砂岩層が見られる。

6億5000万年前から現在までの地質年代表

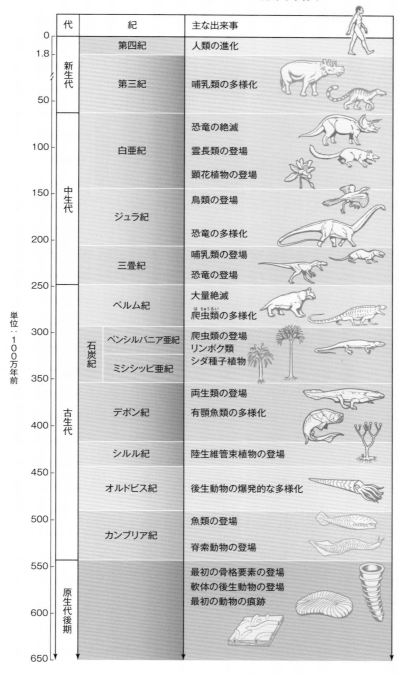

代	紀		主な出来事
新生代	第四紀		人類の進化
	第三紀		哺乳類の多様化
中生代	白亜紀		恐竜の絶滅 霊長類の登場 顕花植物の登場
	ジュラ紀		鳥類の登場 恐竜の多様化
	三畳紀		哺乳類の登場 恐竜の登場
古生代	ペルム紀		大量絶滅 爬虫類の多様化
	石炭紀	ペンシルバニア亜紀	爬虫類の登場 リンボク類 シダ種子植物
		ミシシッピ亜紀	
	デボン紀		両生類の登場 有顎魚類の多様化
	シルル紀		陸生維管束植物の登場
	オルドビス紀		後生動物の爆発的な多様化
	カンブリア紀		魚類の登場 脊索動物の登場
原生代後期			最初の骨格要素の登場 軟体の後生動物の登場 最初の動物の痕跡

単位:・100万年前

0
1.8
50
100
150
200
250
300
350
400
450
500
550
600
650

ドイツは、国内最後の炭鉱、ガルツバイラー炭鉱（ケルン近郊）を閉鎖する方針だ。2019年に撮影。

　とはいえ、地球の状態に対する懸念は今に始まったことではない。古くは1864年にジョージ・パーキンス・マーシュが「（地球は）急速に、その最も高貴な住民にはふさわしくない家になりつつある[3]」と訴えていた。だが、われらが惑星にはどこか深刻におかしいところがあると、多くの人が気づき始めたのは、ごく最近になってからだ。現在は、人新世をめぐる議論を通じて、「人類は差し迫った重大な危機に直面しており、すぐに行動を起こさなければ手遅れになるかもしれない」という認識が共有されている。人類が自然の形成に圧倒的な力を振るっている現実を把握しようとする概念はいくつもあるが、なかでも人新世は最も新しく影響力ある概念である[4]。

人新世に似た概念として、古くは1873年にアントニオ・ストッパーニが提唱した「人類の地質時代」がある。より新しい例としては、アンドリュー・レヴキンの「アントロセン」（1992年）、マイケル・サムウェイズの「ホモジェノセン」（1999年）などが挙げられる。人間が地球を土台ごとつくり変えている可能性を最初に示唆したのは、おそらくフランスの博物学者であるビュフォン伯ジョルジュ・ルイ・ルクレールだろう。1778年に刊行された『自然の諸時期[5]』（菅谷暁訳、法政大学出版局、1994年）の「第七、そして最終期」の章には、「このとき人間の力が自然の力を補佐した」という見出しがついている。人新世という概念は、きわめて広く受け入れられながら、絶えず白熱の議論を巻き起こしてきた。論争の焦点は、新時代の起源と、いつ、どのように効力を持ち始めたかということである。

　比較的広く浸透しているのは、人新世は20世紀半ばに幕を開けたとする見解だ。言うまでもなく、それは動物たちの生命を脅かし、地球上に放射性物質という永久に消えない痕跡を残す核兵器と原子力エネルギーが登場した頃だ。また別の見解によれば、人間の活動とその影響が著しく加速しだしたきっかけは、18世紀後半以降の産業革命と化石燃料の大規模な採掘・利用の結果、大気中で二酸化炭素（CO_2）など温室効果ガスの濃度が指数関数的に増加したことだという。つまるところ、人新世の最も厄介な症状の多くをもたらしたのは、そうした開発行為なのだから、という理屈だ。

　また、「人新世とは、地質学に対し決定的な影響力を持つ者が自らの地質学における役割を意識した最初の地質年代である[6]」という洞察から派生したとらえ方もある。この観点からすると、本当の意味で人新世が始まったのは、人類が地球の形成における自らの役割を意識し、それが環境との能動的な関わり方に影響を与え始めた時点、ということ

ビュフォン伯ジョルジュ・ルイ・ルクレールの『自然の諸時期』（1778年）の表紙。

になる。この解釈に従えば、地質年代という呼び方も論点となるだろう。人間と環境との関係の新時代と表現するほうが、しっくりくるかもしれない。「人新世」という用語を使うこと自体が、この新しい関係のシグナルなのだと理解することができる。

　人新世という造語を世に広めたのは、オランダの化学者パウル・クルッツェンだ。2000年のとある科学会議で、「完新世」（1万1500年前の最後の氷期の終わりから始まる「まったく最近の」地質年代）が幅を利かせていることにいらだったクルッツ

人新世の足跡。

ェンは、思わずこう口走った。「もうやめましょう！今はもう完新世ではない。われわれは人新世にいるのだ」。これは本質をついたひらめきであり、瞬く間に「人新世」という語が会議の主要トピックになった[7]。もちろん、クルッツェンが言わんとしていたのは、比較的最近になってから地球で起こった甚大な変化は、すべての生命に大きな影響を及ぼす可能性があり、地質年代体系の中で明確に位置づけるべきだということだ。

クルッツェンの劇的な呼びかけを機に、地質学の分類体系の中で「人新世」に正式な地位を与えるか否かが議論されてきた。2008年、ロンドン地質学会の層序委員会は、この用語を正式採用する可能性を検討し、ゆくゆくはカンブリア紀、ジュラ紀、更新世といった地質時代区分の単位に追加する意義があるとの見解を示した[8]。人新世を1つの「世」として考えるのが妥当と思われる──同委員会はそう主張した。これまでに起きた、そして現在も続いている変化の規模は、完新世の性質や条件を逸脱しているように見える。結果として、人新世は人類の歴史においても地球の歴史においても新たな局面にあたる、というわけだ。

だが、地質年代の国際標準の中で人新世に重要な地位を与えることについては、異論が起こった。地質学者は人新世の層序学上の「正統性」について活発な議論を交わし、この用語が地質学の専門上の厳密な要件を満たしているか、また、この時代に関連する地層（岩石の層）中の痕跡、すなわち「スパイク（数値の急激な上昇）」をどう検出するかを論じてきた[9]。批判派は、そうしたスパイクは地質記録にほとんど見られないと主張している。

2018年7月、国際層序委員会は紆余曲折のすえ、完新世をグリーンランディアン、ノースグリッピアン、そして現在のメガーラヤンの3つの期に区分すべきだと発表した。同委員会によると、メガーラヤンは今からおよそ4000年前、人類文明に影響を与えた200年間の干ばつと共に始まったという。したがって、人新世の始まりを1950年とする可能性はまだ残されている。3つの期の奇妙な名称と特性については、ここでは細かく掘り下げない。一部の地質学者を含む多くの人にとって、この層序委員会の声明は、地球科学が地層とも社会階層とも無縁であることを示すものだ[10]。物理学、さらには大衆文化においても、時間と空間が互いに関係するカテゴリーとして脱構築・再定義されてきたのに対し、地質学者たちは、地質年代をあたかも岩石に刻み込まれているかのように扱う傾向がある。近代までの現生種の分類が、カール・フォン・リンネの壮大だが動的とは言えない「自然の体系」の流儀に従っていたこととよく似ている。

完新世の概念とは異なり、未来志向の人新世は、まだ地層に定着していないスパイク（プラスチック、鶏の骨、放射性物質は例外として）を重視している。その意味で、人新世が地球科学の言説から逸脱したものであることは確かだろう。とはいえ、人類が地球の歴史に多くの痕跡を残してきたことは否定しようがない。その顕著な例が大量絶滅だ。時代区分や、時代とその類型に名前をつける慣例は、個人の名前と同じように、各時代の成功と存亡を物語る者たちのコミュニティーの上に成り立っている。そうした名前の中には、一時的なニックネームとして、すぐに歴史に埋もれてしまうものもあれば、コミュニティーに受け入れられ定着するものもある。多くの地球科学者や理論社会学者の間に根強い懐疑、時には敵対心があるにもかかわらず、人新世の概念とその名称は明らかに社会全体での影響力を増している[11]。この概念は、人類史上最大の難問と、必然的に伴う責任に世間の注意を向かわせる議論の中で強力な役割を果たしている──そう考える人は急速に増えている。

3

ディープタイムの認識

　西洋の学者たちは長きにわたり、母なる大地は平らな円盤であり、数千年以上の歴史はないと信じていた。古代ギリシャの哲学者の一部（エラトステネスなど）は球体という考え方を発展させたし（外周の計算までした）、西洋以外の理論家や宇宙科学者も間違いなく歴史を通じて球体の概念を温めてきたが、どういうわけか、この考え方は西洋ではなかなか定着しなかった。地球を球体に描いた最古の表現として残っているのは、1492年のものだ。球体としての地球という概念は必然的に、その内部の性質や歴史をめぐる疑問を喚起した。地球の内部は、時には血管や内臓にたとえられ、すべてが激しく活動している様子が描かれた。やがて、これらをさらに発展させた概念が登場する。それが、1981年に米国の著述家ジョン・マクフィーが提唱した「ディープタイム」という概念で、生命、物質世界、そしてそれらが共有する長い進化の歴史を理解するうえで大きな転換点となった[1]。その一方で、人間は地球からの搾取を続け、かつてない規模の資源抽出を行い、現在の人新世につながっている。

　やがて、地下世界は綿密に地図化され、地表の下の深層と、そこから明らかになるかもしれない歴史が垣間見えるようになった。最初の地質図は

球体の地球を描いた現存する最古の図。
1492年にマルティン・ベハイムが作成。

1815年に作成され、現在はイングランドにあるケンブリッジ大学の博物館が所蔵している。歴史学者サイモン・ウィンチェスターが2001年の著書『世界を変えた地図[2]』（野中邦子訳、早川書房、2004年）で、この地質図を紹介しているが、「世界を変えた」と形容するには、いささか見栄えのしない地図だ（地下世界は単なる装飾のように見える）。作成したのは、独学で地質学者になったロンドン出身のウィリアム・スミスである。彼は誰の手も借りず、

ウィリアム・スミスが1815年に作成した最初の地質図。ケンブリッジ大学所蔵。

ディープタイムの認識

メアリー・アニング

アニングは貧しい家庭で育った。父親のリチャードは大工だったが、一家は旅行者や博物学者に化石を売って生計を立てていた。化石収集は当時人気の趣味であり、科学的な活動でもあったため、多くの科学者がメアリー・アニングと文通し、彼女のもとを訪れた。アニングが発見した謎めいた動物は、植物界と動物界の歴史をめぐる科学的理解に絶大な影響を及ぼした。フランス系米国人の生物学者ルイ・アガシーはしばしばアニングの助言を求め、「新たな」化石に彼女にちなんだ名をつけたことさえあった。その1つがアクロダス・アニンギアエ（絶滅した軟骨魚）だ。だが、自身の著作の中でアニングに言及する来訪者はほとんどいなかった。「世界は私にひどい仕打ちをしてきた」とアニングは語っている。「あの学のある男性たちは、私の脳を吸い取っている」と。アニングの怒りは、地球を観察する当の人間たちを観察することの重要性を浮き彫りにしている。どんな人も必ず時間と歴史の中に、そして社会階層の中に身を置いているのだ。

イングランド南西部ドーセット州ライム・リージスのメアリー・アニング。1812年頃。

しかもきわめて詳細に、英国の地下で発見された石炭、鉱石などの資源の所在を特定し、地質学と生命科学、そして大規模鉱業が大きく前進するための基礎を築いた。かくして、化石燃料を巨大な規模で利用できるようになったというわけだ。

1793年、ドイツの解剖学者ヨハン・クリスチャン・ローゼンミュラーは、ドイツ南部バイエルンの洞窟で化石化した巨大な骨を発見した。当時知られていたどんな動物とも異なる骨から、これは絶滅した太古のクマの一種だろうとローゼンミュラーは推測した[3]。こうした発見は、先史時代と動物の絶滅について新たな疑問を呼び起こした。19世紀初めには、イングランド南西部ドーセット州の西部に位置するライム・リージスでメアリー・アニングがまた別の化石を発見し、同様の疑問が喚起された[4]。奇妙な化石の層を含む太古の海底がジュラシック・コースト沿いに押し上げられて海面よりも高くなり、アニングのように好奇心旺盛な古生物学者の前に化石をさらしたのだ。アニングは岩石を割るハンマーを片手に、崖や丘を探索するのを日課にしていた。その後、彼女が発見したのは2億年前の化石であることが判明する。なかには、のちに魚竜と名づけられる海生爬虫類（かいせいはちゅうるい）の化石も含まれていた。ローゼンミュラーとアニングの発見により、生命が実はきわめて長い歴史を持つことが明らかになったのである。

メアリー・アニングが1812年に発見した魚竜の化石。

フランス、ショーヴェ洞窟の壁画。火山噴火を示している可能性がある。

　スコットランドの科学者で、農業も営んでいた博学者ジェームズ・ハットンも、地球の歴史への関心を高めさせた功労者の1人だ。時に現代地質学の最初の論説と称される著書『Theory of the Earth（地球の理論）[5]』の中で、ハットンは地質学的観察をもとに、地球は絶えず形を変えているとする論考を巧みに展開し、地質学的時間と宇宙的時間──すなわちディープタイムの概念を打ち立てた。ハットンの考えでは、地層を形成する主な力は浸食と堆積だった。どちらもスピードの遅いプロセスであり、地球が永遠に人間に適した場所であり続けるよう神が設計したのだとハットンは論じてい

る。この考え方には人新世的な含みがあり、現代の懸念を予言している（ここでは神が人類の役割を演じている）ものの、突然の大変動は考慮に入れられていなかった。結局のところ、ハットンは農民であり、季節と世紀の緩やかな動きの中で自らの土地を観察していたのだ。しかし、ハットンがこの論説を書く少し前の1755年、大地震がリスボンを襲い、人新世特有の時間尺度で発生する破壊的な地質学的事象に関心が集まっていた。

　地震や火山噴火が地質を動かす重要な力であることは、ハットンも知っていたはずだ。火山クレーターが生命と地球の歴史への入口となる可能性は、

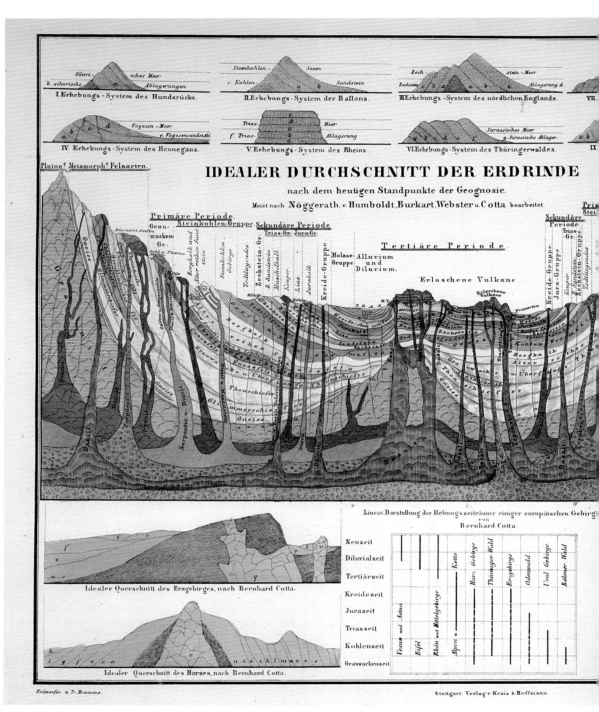

アレクサンダー・フォン・フンボルトの《地球外殻の平均的モデル》、1851年。
アレクサンダー・フォン・フンボルトの『コスモス』（1851年）より。

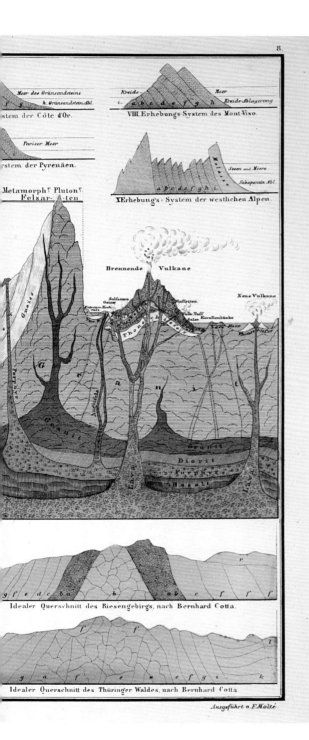

長らく論じられてきた。ドイツのイエズス会神父で博識家のアタナシウス・キルヒャーは、1665年の著書『Mundus Subterraneus（地下世界）』の中で、火山クレーターに降りていくと遭遇するであろう邪悪な存在について述べている。そのおよそ100年後には、地球科学の先駆者であるアレクサンダー・フォン・フンボルトが、地球上のあらゆる火山活動の裏には「ただ1つの火山炉」が存在すると主張した[6]。噴火の仕組みは、特に地質活動が活発な地域において、数万年前から人々を魅了するテーマであった。フランスのショーヴェ洞窟に描かれた3万2000年前の壁画に、その証しが残っている。これはホモ・サピエンスがヨーロッパに住みついた頃に描かれた壁画で、火山を描いた絵としてはこれまで知られる限り最古のものだ。火山とその周辺、そして謎めいた地下世界らしきものが描かれており、洞窟の居住者たちがこの絵を描いたのと同じ頃、実際に近くの火山が噴火していたこともわかっている。

　現在では、世界各地の考古学的分析結果をまとめるため発足したArchaeoGLOBEプロジェクトのおかげもあり、人新世の痕跡はアニングやビュフォン、ハットン、フンボルト、そして彼らと同時代の人々が想像していたよりもはるかに深く刻まれていることがわかった。人類は火の使用を通じ、数千年も前から陸地をつくり変え、種を絶滅に追いやってきたのである[7]。ディープタイムという概念は、地球上の生命が織りなす世界の全体像をつかむのを助けてくれる。地球の過去の温暖化と寒冷化を理解し、人類がどこへ向かっているのかを合理的にとらえ、私たちが今まさに体験している温暖化の重大さを明らかにすることができるだろう。ディープタイムについて理解を深めたのは人間だけだ。そしてそれは、途方もなく大きな責任が私たちの手に委ねられていることを意味する。

4

初期の兆候と警告

　人類史において、気候変動は最近の現象というわけではない。たとえば中世には、世界各地が長い温暖期と寒冷期を経験し、それに伴い飢饉、疫病、戦争が発生した。もちろん、そうした変化は注視・記録されてきた。日々の暮らしや、食料の選択などに関する展望が影響を被るからだ。時には、1〜2世代の間に目撃された急激な気候の変化が、世紀の変化、あるいは黙示録的な変化のように公式に記録され、避けようのない終末へと続く破滅的展開が予言もしくは啓示されていたこともある。たとえばルネサンス期の学者は、森林伐採、灌漑、湿地の排水が地域の気候、ひいてはより広い生態学的様相に及ぼす影響をあれこれ推測していた。とはいえ、先史時代について彼らが持っていた知識からすると、例外的な周期的揺れや季節変動を別にすれば気候はおおむね不変であり、人間の活動はたいした影響を与えないというのが、基本的な前提だったはずだ。

　気候変動とそれが環境に与え得る影響についての科学的な警告は、おそらく多くの人が考えているよりも昔から発せられていた。この分野で最初の発見がなされたのは、19世紀初めのことである[1]。当時、気候変動は必ずしも人間が引き起こした環境変化の結果と考えられていたわけではなく、特に悪いこ

とと見なされてもいなかった。旧石器時代に関する証拠を研究した先駆者の中には、地球の気温が長期間低下した氷期の存在を証明した人もいれば、太陽の放射する光エネルギーと地表、大気の相互作用により大気が温められる温室効果を特定した人もいた。気候変動を引き起こす要因については、火山の噴火や太陽放射の変動などいくつかの説があったが、時が経つにつれ、温室効果ガスの排出が主因と見なされるようになった。気候変動を研究する学者たちは、単純な計算、モデル化、木の年輪の調査、氷床コア、歴史記録といったさまざまな根拠をもとに結論と予測を導き出した。1896年には、スイスの物理学者スヴァンテ・アレニウスが、最大の温室効果ガスである二酸化炭素（CO_2）の大気中濃度が低下すると気温が下がり、氷期が到来すると計算した。反対にCO_2濃度が2倍になれば、気温は5〜6度上昇する。一部の学者は、CO_2濃度が上昇しても、海に吸収されるため、必ずしも温暖化にはつながらないと主張していた。1938年には、英国の蒸気技師ガイ・スチュワート・カレンダーにより、過去数十年間CO_2濃度と気温が上昇していることを示す証拠が提示されたが、科学界はその主張をほぼ黙殺した。アレニウスの計算からおよそ半世紀を経た1960年、米国の化学者チャールズ・デイヴィッド・

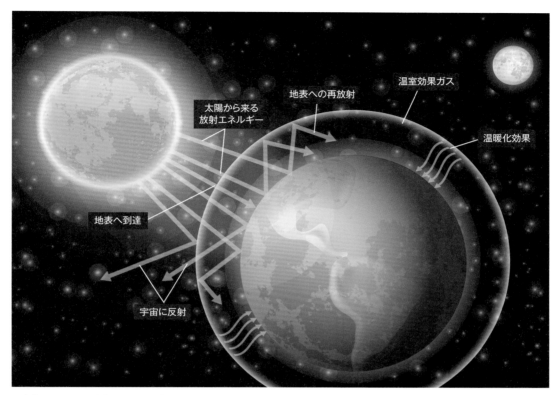

温室効果ガスにより、地表にあたる太陽放射の温室効果が引き起こされる。

キーリングが、大気中のCO_2濃度が上昇し続けており、それにより確かに地球が温められていることを実証した。キーリングの知見は、1958年から始まったハワイのマウナロア観測所での測定結果に基づいており、人間の活動、特に石炭鉱業と炭素製品産業の悪影響に関する懸念をさらに深めさせることとなった。

1890年代には、米国の天文学者アンドリュー・エリコット・ダグラスが、木の年輪を調べれば過去の気候が時系列でわかると主張、降水量の少ない年には年輪の幅が狭くなると指摘した。年輪の有用性はしばし論争の的になったが、最終的には1960年代に不動の評価を確立した。その後まもなく、過去の気候を知るためのさらに有益な手段となったの

キーリング曲線

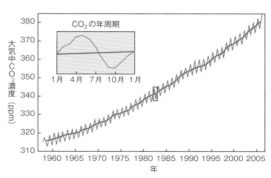

キーリング曲線。1958年から2019年にかけて、ハワイ・マウナロア観測所で測定した大気中CO_2濃度を示している。

グリーンランドの氷床に刻まれた気候の痕跡調査。

が、氷床コアだ。1980年代、国際チームがグリーンランドや南極の氷河にドリルで穴を穿ち、気候が時につれどう変化してきたかを明らかにする。その結果、時には人間の寿命より短い期間で、気候が変化した事実が示された[2]。そして1993年、グリーンランドの氷床コアの分析結果が報告された。それは多くの科学者にとって、急激な気候変動の「発見」を告げる劇的な瞬間となった。

　さまざまな歴史観測手法が使えるようになるのに伴い、1つのパターンが浮上してきた。また同時に計算技術が進歩し、長期間を対象とした研究や未来の気候のモデル化が可能になった。1981年、米国の気候学者ジェームズ・エドワード・ハンセンのチームは、人間の活動が地球の気候に影響を

与えており、近い将来に劇的な結果が現れるという予測を発表した。

　1980年代に温暖化する可能性は高い。21世紀の気候への潜在的影響としては、気候帯の変化に伴う北米および中央アジアでの渇水頻発地域の出現、世界的な海面上昇の結果として生じる西南極氷床の浸食、伝説の北西航路の開通などが考えられる[3]。

　科学者はモデル化と実際の観測を組み合わせ、温室効果ガスが地球高温化を引き起こすことを裏づけた。その7年後、米国議会の公聴会でハンセンが証言したことは、米国内のみならず世界に大き

な警鐘を鳴らすことになった。ここに至ってようやく、きわめて広い範囲での科学的合意が確立されたように思われた。

　研究の劇的な前進にもかかわらず、人新世の気候変動をめぐる世間一般の認識は、無知から理解へと一直線に進んでいるとは言えない。環境をめぐる確かな事実に対しても、科学への不信、既得権益による黙殺、あるいは何らかの文化的・政治的な反動などにより、あとから異議が唱えられた。人間が気候に有害な影響を及ぼしているという警告は、21世紀初め以降もしばしば無視されたり組織的に封じられたりしたため、深刻な結果を招いてきた。

　時には、情報不足や現実認識の鈍さゆえに科学者たちが過ちを犯し、間違った結論に飛びついてしまうこともある。振り返ってみると、科学界の最も深刻な過ちは、大気中CO_2濃度の上昇に伴う問題を誇張するどころか、反対の姿勢をとったことだろう。数十年にわたり科学者たちの予測は控えめにとどまっていた。つまり変化のスピードは遅く、遠い将来の展望であり、初期に予想された最悪のシナリオは大げさであるとされてきた。1990年には数千人からなる国際連合（国連）の科学者グル

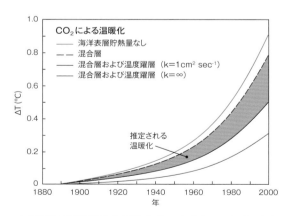

人為起源の地球温暖化を実証したジェームズ・E・ハンセンらによる歴史的論文の重要なグラフ。1981年に『サイエンス』誌に掲載。

ープを代表して、「気候変動に関する政府間パネル（IPCC）」が「気候変動はゆっくりしたペースで進行し、北極と南極の氷床は堅固である」と発表した。経済学者もまた、経済的影響は小さく、かつ安定したものになると予測していた。しかし今や、事態は予想よりはるかに速く進行しており、対策のためのコストが甚だしく過小評価されていたことがわかっている。2018年には、世界は今後80年で1.5℃の気温上昇に向かうとの結論が国連の報告書で示された。さらに最近の国連レポートでは、気温の上昇幅は上記の数字の2倍に上り、経済と生態系に甚大な被害をもたらすだろうと指摘されている。

　今や、地球はすべてを内包する1つの生態系であるという理解が浸透している。その生態系には、人間とその活動も含まれる。いわゆる「ガイア仮説」と呼ばれる理論だ。ガイアという名称は、天から人間まで、あらゆるものの源である母なる地球を人格化した古代ギリシャの女神に由来する。語源は「地球」を意味するギリシャ語の「gē」にある。現代英語で地球科学を意味する「geoscience」も同様だ。

　1960年代に、英国の化学者ジェームズ・ラヴロックと米国の生物学者リン・マーギュリスが最初にガイア仮説を提唱したとき、突飛なニューエイジ的思考に影響されたエセ科学だと貶める者もいた。1979年に出版されたラヴロックの著書『地球生命圏　ガイアの科学[4]』（星川淳訳、工作舎、1984年）は、地球を一種の生命体ととらえるよう促し、劇的なインパクトを与えた。当初、懐疑的に受け止められていたガイア仮説は完全な汚名返上を果たし、人新世の先触れという評価を受けている。人々は今、自らを含む生物が地球そのものに与える影響の大きさを自覚している。生命はディープタイムの一部であり、地球の構造の深いところまで及んでいるのだ。

5

火と「長い人新世」

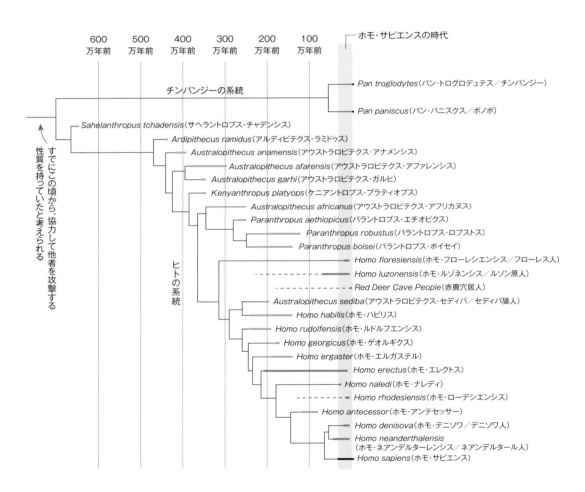

人類の進化を示すグラフ。
ウェブメディアの『The Conversation』に掲載されたニコラス・ロングリッチの記事（2019年11月21日）をもとに作成。

ナミビアのクネネ地域にあるヒンバ族の住居。

　1954年、米国の人類学者ローレン・アイズリーは、火（そもそもの始まりは、土地を整え、新たな空間を拓き、暖をとり、食糧を調理し、おそらくは敵や悪霊を御するための手段だった）は「ホモ・サピエンスの覇権への道を開いた魔法」だったと主張し、人類そのものが一種の炎だと論じた[1]。人新世が進むにつれ、火は大規模な森林破壊をもたらし、局所的に環境を変えることになった。エネルギー需要の増加に伴い、人間ははるかな地質学的過去に由来する新たな燃料源に手を伸ばし、岩石圏を掘り起こす。石炭、石油、天然ガスといった化石バイオマスは、産業革命の新たな燃焼技術に欠かせないものとなった。人新世の車輪を起動させた火という要素は、今もその車輪を動かし続けている。

　ちょうど通常の世紀の枠に収まらない特定の社会変革を語るさい、歴史学者が時に「長い18世紀」（英国の歴史学者の間では、1688年の名誉革命から1814年のワーテルローの戦いまで）という表現を用いるように、人類が地球を変化させてきた期間全体を「長い人新世」という言葉でうまく表現できるかもしれない。人間の活動は過去数十年～数百年にわたり、地球の高温化と破壊に大きく関与したばかりか、数千年～数万年かけて地球の表面とその生物相を徹底的に変えてしまった。30万年前には、複数の人類種が地球を歩き回っていたはずだ。そのうち、ネアンデルタール人（学名：*Homo neanderthalensis*）はホモ・サピエンスと交配し、おそらくは火の使用を通じて、人新世初期

の影響を地球に及ぼしたと考えられる。26万〜35万年前にアフリカ南部で進化したホモ・サピエンスの広がりが、4万年前頃のネアンデルタール人の絶滅につながったのだろう[2]。そして、私たちが唯一の人類となった。

今では、これまで考えられていたよりはるかに昔から人類が地球を支配していたことが明らかになっている。おそらく、よくある想定よりも最大1000年ほどさかのぼるだろう。この全体像は、長い間明らかにされなかった。というのも、考古学者は局所的な遺跡や地域的観点に注目する傾向があり、全体にまたがるパターンをとらえそこねていたからだ。2018年、世界中の考古学者が結集し、ArchaeoGLOBEプロジェクトを発足した。約250人の専門家の研究結果をもとに、先史時代の土地利用に関して、より幅広く、より包括的な比較モデルを構築するという構想を打ち立てたのである。そのモデルによれば、古くは3000年前から、地球はすでに「狩猟採集民、農民、牧畜民により大部分が変えられていた」という[3]。メソアメリカのマヤ文明や中国の周王朝は紀元前1000年頃に集約農業を確立している。新たな土地の占領、農地開発の追求は、新しい生活様式のために土地を焼き、形状を変えることにつながった。

初期の火の使用は、景観と生態系を根本的に変え、森林を破壊し、おそらくは人間を原因とする最初期の絶滅事例、とりわけ大型動物相の消滅を招いた。時には炎が制御不能になったことも間違いない。それにより、塵の粒子が遠くまで広がり、現代の探求心旺盛な学者が摘出できるような痕跡を近くの氷河に残した。

火はその後も、人間と周囲の環境との関係において重要な役割を果たしてきた。環境歴史学者のスティーヴン・J・パインが述べているとおり、炎は「その燃料が上昇するのと同じ速さで下降している。炎はディープタイムを燃やし尽くしている」。それはいわば、人類の影響の深さと人新世の規模を示す深遠なる証しだ。火は実体のある物質ではなく反応であると、パインは念を押す。土、水、気と並ぶ古代哲学の四大元素の中でも、火は変わり者だ。自然界において、発火はまれに、かつ局地的にしか起こらない現象であり、原因はたいてい雷だった。だが、人間のせいで火は次第に勢いを増し、気候を含む自然史が火の歴史の一部となるような新時代が誕生した。いわば「火の時代が進行しつつあった」のだ[4]。現在では、壊滅的な火災が南米アマゾン、米国カリフォルニア州、オーストラリアなどをたびたび襲い、多くの人から家を奪い、地球高温化の深刻さを思い知らせている。

期間の長さを考えると、アントロポセン（人新世）よりもキャピタロセン（資本新世）やパイロセン（火新世：パインの言う火の時代）、あるいはプランテーショノセン（農園新世）と呼ぶほうが理にかなっているのではないかと主張する人もいる。しばしば指摘されるのは、決定的な要素はホモ・サピエンスそのものではなく、人類の一部がつくり出した特殊な慣習であるという点だ。つまり、北半球の人々と富裕層がそれ以外の人類を貧困と苦境に追いやり、その過程で地球全体を貧しく不毛な場所にしたということである。おそらく、そうした包括的でも集合的でもない「私たち」の慣習こそが、産業革命を推し進め、炭素製品産業を誕生させ、人口過多で煙を吐く惑星で過剰なCO_2を発生させ、地球を大規模破壊に続く道へ導いたのだ。

人新世の重要な変化は、主に15世紀のヨーロッパの植民地主義と共に始まった。新世界の発見、国民国家の拡大、植民地経済、残酷な奴隷制度が

pp.34〜35：2019年11月、オーストラリアのニューサウスウェールズ州で起きた火災旋風。

2019年8月にブラジルのパラー州アルタミラで発生した森林火災。

火と「長い人新世」

サンドクリークの虐殺

植民地化におけるとりわけ痛ましい出来事が、米国コロラド地方のサンドクリークで起きたアメリカ先住民シャイアン族とアラパホ族の大虐殺だろう。数年に及ぶ緊張状態のすえ、米陸軍大佐でメソジスト派の牧師でもあったジョン・チヴィントン率いる数百のコロラド準州軍は1864年11月29日、133人のアメリカ先住民を無差別に惨殺した。うち105人は女性と子どもだった。先住民と米国は1851年に条約を交わしていたが、ゴールドラッシュなどの要因に押されて米国が再交渉に乗り出し、その結果、先住民は土地の大部分を失った。1861年には新たな条約が結ばれたが、それにもかかわらず、この殺りくが行われている。当時、米国には総延長およそ4万7000kmの鉄道があり、土地と機関車のための石炭が必要となっていた。

1864年11月29日、コロラド地方サンドクリークでシャイアン族とアラパホ族を襲撃する米軍。

産業革命の基礎を築くのに伴い、格差の種類・程度が広がり（奴隷主と奴隷の格差、資本や機械の所有者と労働者の格差など）、生態系に及ぼす被害も増大した。資源の乱開発と地域生態系の急変は、のちに「生態学的帝国主義」と呼ばれる状態をもたらした[5]。植民地化は必然的に部族、国家、文化の衝突を暗示し、それは何らかの形で現在まで続いている。

人新世の最も有力なライバルとなる概念は、おそらく「農園新世」だろう。というのも、人間の生活、奴隷化、商品と人のグローバルな移動、土地利用、人間と環境との関係において今も続く構造的変化に着目しているからだ[6]。だが、このケースでもやはり、そうした変化の責任を負うのはプランテーション社会の一部（ヨーロッパの支配者、貿易商、奴隷主、船会社、医師、聖職者）であり、自分自身の所有者となることもできなかった奴隷の人々ではない。

2019年夏に起きた森林火災の直後のビラ・ノバ・サムエル地域。ブラジルのポルトベーリョの近郊。

バルバドスのプランテーションでサトウキビを栽培する奴隷たち。1890年頃。

火と「長い人新世」

6

消えゆく種の悲しい運命

「ミールサック（食料袋）」と呼ばれることもあったエルデイ岩礁。右側の「下界」は、確認されている限り最後のオオウミガラスの繁殖地だった。

「長い人新世」は、植民地主義、近代科学の発達、鉱物や化石燃料をはじめとする天然資源の追求など、人間のさまざまな活動によって推進された。それは同時に、多くの種に対する脅威を意味していた。だが、人間活動の悪影響が明らかになるまでには、しばらく時間がかかった。

スヴァンテ・アレニウスの研究チームが温室効果ガスを調べていたのと同じ頃、アルフレッド・ニュートンをはじめとする英国の動物学者は、急増する種の絶滅をせっせと記録していた。ニュートンが長年温めてきたプロジェクトがオオウミガラス（学名: *Pinguinus impennis*）の事例である。この飛べない鳥は、ヨーロッパの船乗りたちが新世界へ乗り出して以降、とりわけ大きな打撃を受けた種の1つだ。19世紀半ばまでに、オオウミガラスは乱獲による絶滅の可能性を象徴する種になっていた。おそらく、

ヨン・ヘラルト・クーレマンスが描いたオオウミガラス。1900年頃。

人間がそうと知りながら絶滅の縁に追いやった最初の動物種であり、このことは学術界でも一般人の間でも広く議論された。絶滅は今や大規模崩壊の脅威にさらされた緊急課題であるが、オオウミガラスの事例は、絶滅をめぐる初期の考察において重要

北大西洋のオオウミガラスのかつての分布図。黄色の領域はオオウミガラスの地理的分布、青の点はジェシカ・E・トーマスのチームによる2019年の研究で標本が採取された場所を示している。

「オオウミガラスの捕獲」と題された1853年のイラスト。

『オオウミガラスをめぐる書』の著者で、英国の自然学者のジョン・ウォーリー。

な役割を果たした。

オオウミガラスは平和を好む群棲動物だった。初夏になると、親鳥はほかの種の鳥たちと共に小さなコロニーをつくり、島や岩礁で繁殖していた。大きな卵を1つ産み、雌雄が交代で数週間温める。雛は孵化から5日で自ら海に飛び込む。岩礁という繁殖場所は、でたらめに選ばれたものではない。そこで繁殖する鳥たちは、数千年の間、捕食動物から安全な状態にあった。ただし、ネアンデルタール人や初期の現生人類は、食料や装飾品、儀式などのためにオオウミガラスを狩っていたようだ[1]。

16世紀初め、ニューファンドランド島にオオウミガラスの大規模なコロニーがあることをヨーロッパの人々が聞きつけた。そのコロニーは、わずか1世紀の間に、フランスやポルトガルの船乗りたちに狩り尽くされてしまった[2]。無防備なオオウミガラスは、群れごと追い込まれ、棍棒で打ち殺された。塩漬けにしたオオウミガラスの肉をスクーナー船いっぱいに積み込むと、船乗りたちは船を出した。それだけの食料があれば、ヨーロッパへの帰路、全船員が十分食いつなげる。つまり、オオウミガラスは、ヨーロッパの人々が新世界から搾取するためのエネルギーとなり、人新世を推進し、植民地主義体制を支え、結果的に絶滅へと追い立てられたことになる。その後、ヨーロッパの収集家たちが珍しい鳥類、毛皮、卵を取り合うようになると、アイスランドやヨーロッパの別の小規模コロニーも崩壊し始めた。

オオウミガラスの最後の日々はよく知られている。鳥の卵の収集家ジョン・ウォーリーとその友人で動物学者のアルフレッド・ニュートンによる1858年夏のアイスランド探検と、その旅の最中と

帰郷後に2人が書いた『Gare Fowl Books（オオウミガラスをめぐる書）』のおかげだ。現在はケンブリッジ大学図書館が所蔵している同書（手書きの約900ページ、全5巻）は、情報源としてはあまり活用されていないものの、博物館用の標本を求める国際的な圧力が高まるなか、オオウミガラスを狩った最後の船乗りたちの姿を知る貴重な手がかりを提供している[3]。ウォーリーとニュートンがアイスランドを目指してヴィクトリア朝イングランドを発つとき、ある友人がオオウミガラスの英名「グレートオーク」をもじって、「まさに厄介な（オークワード）探検だ」と2人をからかったという。

ウォーリーとニュートンはオオウミガラスを何羽か見つけられればよいと考えていたが、この種がすでに絶滅していたことは知らなかった。オオウミガラスの行動と習性を研究できるかもしれない、も

しかしたら剥製も買えるかもしれないと期待した2人は、知られている限り最後の繁殖地であるアイスランド・レイキャネス半島の南に浮かぶエルデイ岩礁への旅を計画した。だが、悪天候のため、オールで漕ぐボートでは岩礁に近づけなかった。じかに経験できなかったことを補うため、2人は最後のオオウミガラス狩りの現場に居合わせた漁師に話を聞いた。

最後の狩りのとき、リーダーのヴィルヒャムル・ハーコナルソンは船員3人を崖に登らせ、オオウミガラスの繁殖地であるエルデイ岩礁の「下界」と呼ばれた場所へ送り込んだ。その1人、ケティル・ケティルソンは、ウォーリーにドラマチックな物語を語った。その一部が『オオウミガラスをめぐる書』を通じて広く世間に知られることとなった。

『The Birds of America（アメリカの鳥類）』（1827年）に収録されたジョン・ジェームズ・オーデュボンによるオオウミガラスの版画。

ケティル、シーグルズル（・イースレイフソン）、ジョン・ブランドソンが上陸した。ケティルとシーグルズルが1羽のオオウミガラスを追って走ったが、崖っぷちに近づくと、ケティルは怖気づいて足を止めた。シーグルズルは追い続け、鳥を捕まえた。私の情報提供者は、その追跡劇の間、終始胸を痛めていたが、鳥が走り出した場所に近づいてよくよく見ると、溶岩石の板の上に卵が1つ置かれていた。手に取ってみると、卵はひびが入り、あるいは割れていた。ケティルは卵を元の場所に戻した[4]。

ハーコナルソンは2羽のオオウミガラスを9ポンドでデンマークの商人に売った。現在の価値に換算すると、540ポンドに相当する。この最後の狩りの物語は、大衆の文化に深く根を下ろした。チャ

オオウミガラスの最後の狩猟旅行を率いた
ヴィルヒャムル・ハーコナルソン。

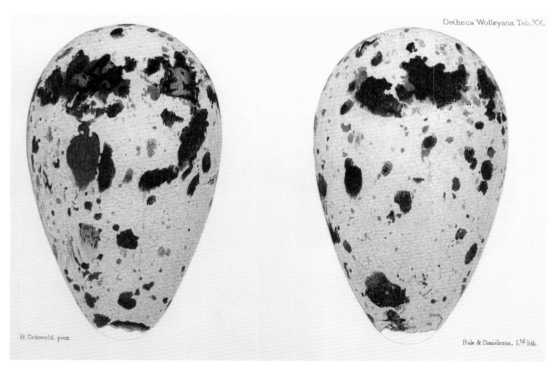

オオウミガラスの卵を描いた20世紀初頭のイラスト。

消えゆく種の悲しい運命

ールズ・キングズリーが1863年に書いた子ども向けの冒険小説『水の子どもたち[5]』（芹生一訳、偕成社、1996年）には、絶滅の縁にいるオオウミガラスが登場する〔訳注：日本語版ではペンギンとされている〕。物語の中で、オオウミガラスは自らの種をめぐる歴史を語る。『水の子どもたち』は長年にわたり人気を博してきたが、文中にそれとなく漂う人種的偏見により、必然的に敬遠されるようになった。そうした人種的偏見もまた、人新世と植民地における奴隷制の産物なのである。

ニュートンやウォーリーのような熱狂的バードウォッチャーは、動物保護運動の地ならしに貢献した。それによっていくつかの種が絶滅を免れたことも確かだ。だからと言って、彼らを、オオウミガラスなどの希少種の命を奪った市場や狩猟旅行とは無縁の観察者と見ることはできない。実際はその反対だ。むしろ直接の関与者として、ヨーロッパの貿易商やアイスランドの農民たちをはじめとする多くの人々と共に、欧米の博物館で鳥の剥製が満載のコレクションを築いたのである。

興味深いことに、バンガー大学（英国）およびコペンハーゲン大学（デンマーク）のジェシカ・E・トーマス率いるチームによる最近の遺伝学的研究では、オオウミガラスは環境変動の脅威にはさらされていなかったことが示唆されている。北大西洋のかつての分布範囲全域にまたがる41個体の骨と組織の試料から採取したミトコンドリアゲノムの配列を解析し、集団構造と個体群動態を再現したところ、オオウミガラスは遺伝的多様性が高い種であり、16世紀初めに人類がニューファンドランド島に到達するまでは安泰だったという結論が得られたのだ。「絶滅させるには、人間の狩りだけで十分だった可能性がある[6]」。まさに、人新世的な絶滅だったということだ。

オオウミガラスの絶滅は、北方の多くの地域で、のちに人新世と呼ばれるものの悪影響、そして環境保護の必要性に人々が気づくきっかけとなった。地球上の生命に対する人類の影響が急速に増大し、人新世がさらに進行した今では、オオウミガラスの事例は、ほかの象徴的な絶滅の物語と共に、生物多様性の意味と、種の消滅をめぐる新たな、そして差し迫った疑問を提起している。ホメロスは何世紀も前に、鳥は「翼のある言葉」であり、何らかのメッセージを伝えていると考えた。急速に絶滅へ向かう今、人新世について私たちに伝えたいメッセージがあるとするなら、鳥たちはいったい何を語るだろうか？

チャールズ・キングズリーによる子ども向け冒険小説『水の子どもたち』（1863年）の挿絵。

2

Human
Impact
人間が地球に及ぼす影響

7

絶滅と“エンドリング”の誕生

英国の動物学者で鳥類学者のアルフレッド・ニュートン。

「進化の父」、チャールズ・ダーウィン。

　種という概念は、17世紀には実質的に存在していなかった。英語で種を意味する「species」は、英国の博物学者ジョン・レイが1680年に初めて考案した言葉だ。それからおよそ半世紀ののち、スウェーデンの博物学者カール・フォン・リンネが『Systema Naturæ（自然の体系）』の中で、独自の生物分類システムを提示した。当初は、種はひと

たび誕生すれば永遠に存続するものと、ほとんどの人が考えていた。すでに存在する種が消滅したり、新しい種が出現したりすることはないだろう、と。リンネの関心はもっぱら現存する種と、18世紀のスカンジナヴィア田園地域で彼自身が観察していた牧歌的な自然に向けられており、先史時代など重要ではない、あるいは存在すらしていないと

絶滅と“エンドリング”の誕生

言わんばかりだった。「われわれは絶対に信じない
だろう」とリンネは大胆な主張をした。「ある種が
地球から完全に姿を消すことがあるなどとは[1]」。姿
の見えない動物種は、単に道に迷っているか、隠
れているだけだと考えられていたのである。フラン
スの動物学者ジョルジュ・キュヴィエは、フランス
革命の動乱のさなかに、一部の種は永遠に消滅し
たとする説を唱えた。その1世紀前には、ビュフォ
ン伯ジョルジュ・ルイ・ルクレールが過去の絶滅
の証拠を詳述していたが、どちらの説も物議をか
もしていた[2]。

英国の生物学者チャールズ・ダーウィンとアル
フレッド・ウォレスは、ビュフォンとキュヴィエの
説を引き継ぎ、生命の歴史はそれまで信じられて
いたよりはるかに長いばかりか、自然選択の基本
的な働きにより絶えず変化していることを実証し
た。一つ一つの種は、それ以前に存在していた何
かから「進化」したとしか考えられなかった。絶
滅をめぐる知見は、ダーウィンが生物の変化と自
然選択に思いをめぐらせるきっかけになったが、
1859年の名著『種の起源』（渡辺政隆、光文社古典
新訳文庫、2009年）では、絶滅についてはほとん

アルフレッド・ニュートンが教授を務めていたケンブリッジ大学モードリン・カレッジ。

絶滅と"エンドリング"の誕生

Cassell社の『Natural History（自然史）』（1896年）に収録されたドードーの版画。

ど触れていない。ダーウィンにとって、絶滅とは、不可避かつ当然の事象であった。複数の生物が競争すれば必然的に一部の生物は排除され、生命が継続的に発展していくなかで、あるものから別のものが生まれる。地球の歴史と生物の歴史は、長い「"ディープ" タイム」を経るうち、1つに融合したのである。種が進化しては消えていったのは、人類が現れるはるか以前のことだと考えられていた。つまり、ダーウィンも同時代のほとんどの人も、現在進行形の絶滅には関心がなかったのだ。

　現代の絶滅の概念を研究や政策のテーマとして確立し、動物保護への道を開いた重要人物と言え

ば、英国ケンブリッジ大学モードリン・カレッジで動物学の初代教授を務めた鳥類学者、アルフレッド・ニュートンだろう[3]。ヴィクトリア朝時代の鳥類愛好家の例に漏れず、ニュートンは17世紀にインド洋のモーリシャスで絶滅した飛べない鳥ドードー（学名：*Raphus cucullatus*）の歴史に興味をそそられていた。ドードーを狩り、その生息地を破壊したのは、ヨーロッパの船乗りたちだ。「ドードー」という名は「まぬけ」を意味するポルトガル語に由来しているが、この言葉はむしろこの鳥を狩った側に向けられるべき。もっとも、ニュートンが生涯のほとんどを通じて関心を注いだのはオオウミガラ

絶滅と "エンドリング" の誕生

スで、この鳥類の悲しい運命から教訓を導き出すことに熱意を傾けていた。前章でも触れたように、オオウミガラスの絶滅をめぐるニュートンの懸念により、人間が自然の生息環境に及ぼす悪影響と、その影響を停止もしくは逆転させる必要性への関心が高まり、種の保護に対する社会的支持が得られた。人間はオオウミガラスと同じく自然界の一部であるが、黙って何もせずにいなければいけないわけではない。ニュートンは1860年代に鳥類保護の組織的運動を始め、「禁猟期」（繁殖期の狩りの停止）の必要などを訴えた。さらに重要なのは、鳥類保護協会を設立し、非狩猟動物保護に関する英国初の法令となった「1869年の海鳥保護法」の成立に大きく貢献したことだ[4]。

当初、鳥類保護に対する考え方は、国によって異なっていた。たとえばドイツでは、その種が農業に有用であるか否かが重視されていた。農地開発に害をもたらす種は保護を受けられず、それらが絶滅したように見えたとしても、悲しむのは一握りの人だけだった。一方、害虫を減らしてくれる種は大切にされ、保護された。それに対し英国では、有用性とは関係なく、希少な種や美しいと見なされた種が、最も大切に保護されていた。この場合、保護活動を主導したのは、農民ではなく鳥類愛好家や博物学者だった[5]。すべての鳥が平等に扱われたわけではなく、その運命は、倫理観、経済性、状況、美的感覚などの要件に大きく左右された。

種の絶滅をめぐるニュートンの革新性は、ダーウィンが予見していた緩やかで「自然な」絶滅と、19世紀半ばにオオウミガラスなどの種が直面した「不自然な」絶滅、すなわち人間が引き起こした絶滅とを明確に区別したところにある。こうして自然はなるようにしかならないとするダーウィンの運命論を一蹴したニュートンは、可能である限り、絶滅への歩みを減速もしくは逆転させるため直接的

行動を起こすべきだと、強く主張できるようになった。これをきっかけに、環境をめぐる専門分野が開拓され、絶滅の縁にいる希少種を保護する道が開かれた。生物学と自然科学は将来、一般人や政治家の手の届かないところで中心的な役割を担うことになるだろう——ニュートンはそう推論し、人間の介入による絶滅は自然現象ではなく回避可能なものだと主張した。

筋金入りの標本収集家だったニュートンは、ヴィクトリア朝時代の流儀による分類や記録にとどまらず、新しく、かつ重要な領域へ踏み出した[6]。絶滅という重要な問題を俎上（そじょう）に載せた人物であるにもかかわらず、鳥類愛好家以外にはあまり知られていないという事実は皮肉に思える。ニュートンのアプローチが物議をかもしたのは、公平や中立をめぐる当時の主流の概念に異を唱えたためでもある。だが、ニュートンの尽力により、種の保護をめぐる新たな法的枠組みができ上がると、彼の信念はやがて反響を呼び、尊敬を勝ち得た。今や、彼が懸念していたことの多くが「生物多様性」といった概念の発展に反映されている。同じ頃、米国では、環境保護主義者のジョージ・パーキンス・マーシュが絶滅と保護の必要性について同様の概念を提唱していた。マーシュは著書『Man and Nature（人間と自然）』の中で、人間の活動がもたらす悪影響について警告を発した[7]。

マーシュやニュートンと同じ世代の収集家や博物学者の中には、鳥の種の絶滅に加担した者もいる。彼らはしばしば誰の許可も得ずに、時にはその種が絶滅の危機に瀕していると知りながら、希少種の鳥や卵を収集した。当然のことながら、きわめて珍しい種であるほど、その標本の市場価格は上がる。希少性の高さゆえ、種が絶滅へ導かれるケースも少なくなかった。そうした「最後の標本」には、しばしば法外な値がつく。皮肉な話だが、

少年向け雑誌『ボーイズ・オウン・アニュアル』に掲載された英国の鳥の卵を描いたイラスト（1896年）。

絶滅と"エンドリング"の誕生

ピンタゾウガメの最後の個体（オス）、ロンサム・ジョージ。

陸生カタツムリ（*Achatinella apexfulva*）の最後の個体。2019年にハワイで発見されたもの。

最後のカタツムリ

　かけがえのない最後の生き物、すなわち、その死が種の絶滅を告げる個体への関心は今日も続いており、大量絶滅に関する世間の認識の広がりと共に、注目度は着実に高まっている。2019年1月には、ハワイ固有の陸生カタツムリ（学名：*Achatinella apexfulva*）の最後の個体の死を『ニューヨーク・タイムズ』紙が伝えた。飼育係はこのカタツムリをジョージと呼んでいた。その名は、2012年に死んだガラパゴス諸島最後のピンタゾウガメ（学名：*Chelonoidis abingdonii*）、ロンサム・ジョージにちなんでつけられたものだ[9]。

博物館で展示できるよう細心の注意を払って狩られた標本は、あまりにも貴重すぎて、一般には公開できなくなる。値段がつけられないほど高価になると、実質的には使いようがなくなってしまうのだ。

　ここで重要なのは、種の最後の個体を象徴化する必要性が高まり、新たな用語が生まれたことだ。1990年代に、米国の医師ロバート・ウェブスターは『ネイチャー』誌に書簡を送り、ある系統の人や動物などの最後の個体を定義するものとして、「エンドリング」という概念を打ち出した。この概念が生まれたきっかけは、自分はある家系の最後の生き残りだと信じる瀕死の患者たちだった。「エンダー」「ターミナーク」「ラストライン」「レリクト」などの言葉も考案されたが、「エンドリング」はこ

れらのライバルよりも長生きし、定着しているようだ。環境歴史学者のドリー・ヨルゲンセンが指摘するように、「エンドリング」は大衆文化に浸透し、展覧会や哲学書、音楽作品、バレエのテーマにも用いられている[8]。報告されていたエンドリングが死んだあと、なぜか同種のほかの個体の生存が確認されることもたびたびあり、その事実も大衆文化の中でスポットライトを浴びている。

8

産業革命の時代へ

　初期の農業や商業では、人力や使役動物、木材、風力、水力によって駆動するさまざまな機械の実験が進んだ。たとえばレオナルド・ダ・ヴィンチとアタナシウス・キルヒャーは、未来の機械設計を考案した。キルヒャーは、1650年にローマで出版された2巻組の著作『普遍音楽』(菊池賞訳、工作舎、2013年)の中で、いくつもの柱体や自動装置を備えた、複雑な水力オルガンを描いている。正真正銘の産業化が始まると、かつてない規模での安定したエネルギー供給が必要となった。植民地の奴隷制度、そして何よりも化石燃料の燃焼が工業生産と大量輸送を作動させ、人間と環境の関係を再編し、人新世を加速させることとなった。

　1800年以降、人間は再生不能エネルギー(石炭、石油、ガス)を前例のない規模で消費し、機械、電気、人工物、科学、芸術に注ぎ込んだ。それこそが産業革命の本質である。最初は英国の産業革命の中心地で、やがて米国など新興の工業大国や新興の独立国で運河や鉄道が建設され、すぐに陸地の風景をつくり変えてしまった。蒸気機関車と船は自らに供給されるエネルギーを運び、生産と輸送、商業のネットワークを、そして言うまでもなく環境への悪影響と社会的不平等を大きく広げた。

　工業都市は自作農業を否応なく破壊し、「工場」と呼ばれる職場が拡大するにつれ貧しい労働者階級が生まれた。1835年、アレクシ・ド・トクヴィルはイングランドのマンチェスターについてこんな風に書いている。

　　丘の頂上に30か40の工場が立ち並び……貧困者の粗末な住居がそのまわりにでたらめに散らばっている。周囲には開墾されていない土地が広がるが、のどかな自然の魅力はない……炉の立てる雑音や、蒸気の甲高い音が聞こえるだろう。これらの巨大な構造は、人間の住む環境を支配し、空気と光を締め出している。環境を果てしない煙で包みこんでいる。ここにいるのは奴隷、あそこにいるのは主人。あそこにいるのは一部の富める者、ここにいるのは大多数の貧しい者なのだ[1]。

　産業革命初期の厳しい生活環境は、さまざまな書物に記録されている。たとえば、フリードリヒ・エンゲルスは1845年に出版された古典的作品『イギリスにおける労働階級の状態』(浜林正夫訳、新日本出版社、2000年)の中で、マンチェスターにほど近いサルフォードの様子を描写している。フィクションとして傑出しているのは、チャールズ・デ

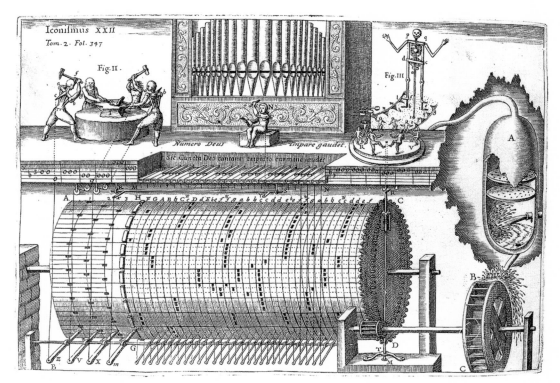

1650年にローマで出版されたアタナシウス・キルヒャーの『普遍音楽』より、水力オルガンの見取り図。

18世紀英国の織物工場を動かす蒸気機関。

産業革命の時代へ

1938年、英国のストーク=オン=トレントで煙を吐く煙突群。

ィケンズの小説だ。父親の破産により12歳にして瓶工場で働いた経験を持つディケンズは、工業社会の残忍さ、不誠実さ、不公平さを敏感に感じ取っていた。『デイヴィッド・コパフィールド』（中野好夫訳、新潮文庫、1967年）には、靴墨瓶製造の過酷な工程が描かれている。

　そこで、そうした空瓶を光にかざし、疵物（きずもの）は廃品にし、よいのはすすいだり、洗ったりするために、何人かの男や子供が雇われていた。空瓶の仕事がなくなると、こんどは、詰まったのにレッテルを貼ったり、栓をして封をしたり、さらにでき上がった瓶を、樽に詰めたりする[2]。

　産業革命は地球にも大きな影響を及ぼした。機械化された農業と集中的な灌漑（かんがい）は、大気中のCO_2などの温室効果ガス濃度の増加、大規模な堆積物喪失、化学物質による汚染、水系の変化、種の絶滅をもたらした。土地の囲い込みと私有化の結果、大規模農業のための新たな開拓が行われ、多くの動物種、とりわけ鳥たちが恩恵を受けていた木立が取り除かれた。帝国の拡大を通じて、西洋の勢力が世界のほぼすべての地域へ広がり、狩猟採集民や遊牧民などの先住民族の領土が植民地化された。特筆すべき例外は北極圏で、西洋の探検家は20世紀になるまでこの地域へ容易に近づけなかった。興味深いことに、北極は今や地球高温化の「炭鉱のカナリア」的な存在と見なされ、海氷融解や、

数千年間永久凍土に閉じ込められていたメタンガス（温室効果ガスの1つ）放出の危険を告げている。産業革命と現代科学勃興の時代、人々は地球を「生命のないもの」と考えていた。生命体と地球とは別々の世界であり、地球は資源、すなわち上の世界（人間の世界）を支える基盤と見なされていた。ルネサンス期の芸術家たちは遠近法の表現により人類と自然界の間に広がりつつある溝を描き出し、それを不朽のものにしたが、科学者たちはそれに輪をかけて地球を遠くから眺めようと躍起になった。まさに競い合うように、観察者たる人間の不偏不党ぶりを証明しようとしたのである[3]。客観性と公平性は、科学界のスローガンになった。そして陸地と海は、人間が無限に搾取できる資源とエネルギーの宝庫となった。

　そうした人間界と天然資源の分断は、20世紀後半になるまで続いた。これは環境モデリングにおいて、グラフとして図示されている。たとえば、1988年の天然資源図「地球の体系」、いわゆるブレザートン・ダイヤグラムでは、「人間の活動」（および人間の科学）の範囲が、地球の力学系の中の小さな漠然としたボックスにまとめられている。より新しいバージョンの地球の体系はそれとは微妙に異なり、人間の活動にもう少し大きなスペースが割り当てられる傾向があるものの、たいていは人新世の深淵と本質をとらえていない。人間-環境系を現実的かつ利用しやすい形でモデル化することは、ますます難しくなっている。人新世の円環は、いっそうねじれて入り組んだものになっている。

　産業革命はこれまでに4回起きたと主張する人もいる。その代表格は、世界経済フォーラムのクラウス・シュワブ会長だろう[4]。4つの革命は、それぞれ独特の革新技術とエネルギー源によって促進されていた。1）最初の革命は、製造の機械化を目

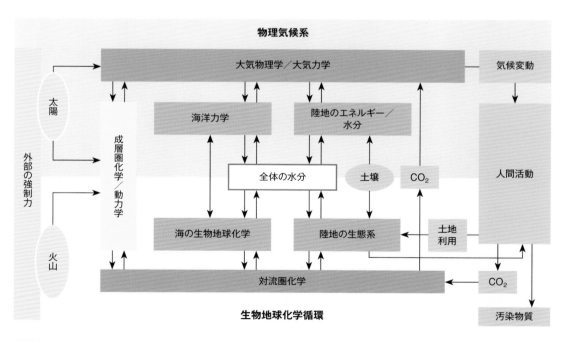

科学的モデリングの一例、ブレザートン・ダイヤグラム（1988年）の簡略バージョン。

的とする石炭および蒸気動力の使用により駆り立てられた。2）次の革命の特徴は、電力の使用により大量生産が可能になったことである。3）その後に起きた革命は、製造を自動化するエレクトロニク ス技術および情報技術（IT）に大きく依存していた。4）そして、デジタル革命は、ロボットと人工知能を開発している。このような段階を経るごとに、人新世の影響は拡大し、かつては不変と思われてい

第4の産業革命における人新世のループ

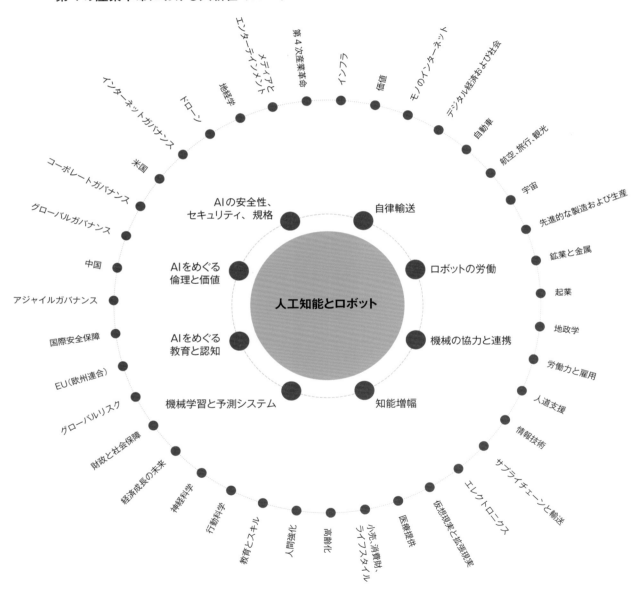

産業革命の時代へ

巨大都市では1km²あたり2000人が暮らすことになるだろう。

た境界——精神、動物、生物学、技術の境界が曖昧になっていく。

　未来には、おそらく人間の大多数が、私たちが見たこともないような巨大都市で暮らすようになるはずだ。それ以前に存在していたほとんどの都市とは異なり、未来都市は、発展の過程で場当たり的に設計・拡大するのではなく、あらかじめ注意深く計画する必要があるだろう。環境難民には家と避難場所を提供せねばならない。資源に限りがある壊れかけの惑星で人口を増やしていくには、産業革命の革新技術（現代建築、エレクトロニクス技術、センサー、アルゴリズム、デジタル機器）に頼らざるを得ないが、自転車、環境負荷の少ない生活、持続可能なガーデニング、化石燃料と大きなカーボンフットプリントからの脱却も促進しな

ければならない[5]。その意味で、私たちの未来の生活は、自然を破壊してきた元凶である産業革命に依存していると言える。

ラゴス（ナイジェリアの都市）の未来図。海面上昇に対応した都市設計となっている。

9

核の時代

　20世紀後半、地球と生命に対する人類の影響は、部分的には冷戦の陰に潜みながら、未曽有のレベルにまでエスカレートした。人新世という概念は広まりつつあり、まだ名前はなかったものの、全体的には衰退よりも発展というムードが漂っていた。生物学が大きく飛躍し、細胞の宇宙と遺伝の性質が探られるようになった。1952年にはロザリンド・フランクリンがDNAの写真を撮影し、1953年には

ジェームズ・ワトソンとフランシス・クリックが二重らせん構造を発見している。20世紀末になると、ヒトゲノムの最初の設計図が作成された。いくつもの探査により人類の地平線は宇宙空間へ、さらには無限の空間へと広がった[1]。この分野での重要な出来事としては、人工衛星スプートニク1号の打ち上げ（1957年）、宇宙飛行士ユーリ・ガガーリンの地球軌道周回（1961年）、人類の月面着陸（1969年）

原子力発電所の構成

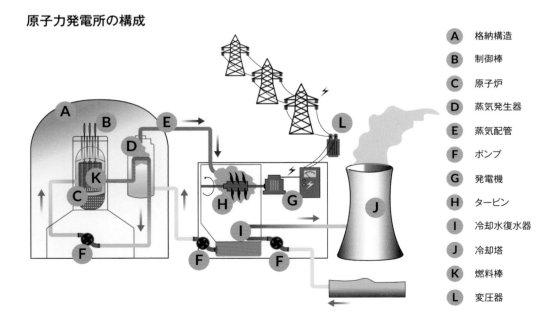

A　格納構造
B　制御棒
C　原子炉
D　蒸気発生器
E　蒸気配管
F　ポンプ
G　発電機
H　タービン
I　冷却水復水器
J　冷却塔
K　燃料棒
L　変圧器

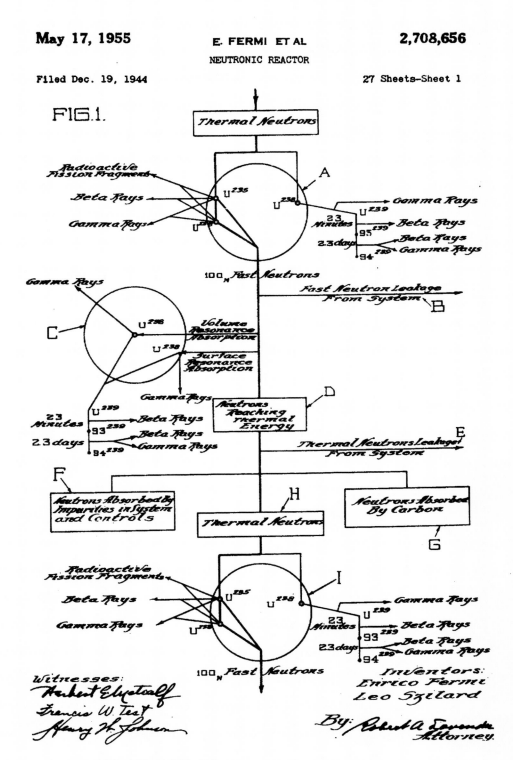

エンリコ・フェルミが考案した最初の原子炉の図式。

などが挙げられる。さらに1998年には、国際宇宙ステーション（ISS）が建設された。

そうした発展はどれも、物理学とデジタル技術に大きく依存していた。だが、人新世の最も重要な影響は原子力エネルギーに関わるものだ。原子力エネルギーはいわば、人類史上のあらゆるものをはるかに凌駕する規模で自然のパワーを利用する技術である。産業化された都市の人口増加に伴うエネルギー需要の問題を解決するため平和的な目的で使われることもあれば、たがの外れた軍拡競争に利用され地球壊滅の可能性をもたらし、あらゆる生命を危険にさらしたケースもある。人新世は原子力エネルギーと共に始まったと考える地球科学者は多い[2]。連鎖反応を起こすことを意図した最初の原子炉は、エンリコ・フェルミにより、シカゴ大学のスタッグフィールドの地下に設置された[3]。

第二次世界大戦のさなかの1942年12月2日、フェルミは連鎖反応による核分裂の制御に初めて成功した。それから2年半後の1945年7月16日午前5

その爆弾

トリニティ実験の3週間後、米国は広島上空で、さらに3日後には長崎上空で核兵器を爆発させた。この2度の原爆投下は衝撃的な結果をもたらした。推計約22万人が犠牲になり、その大半は一般市民だった。爆発の衝撃波と熱で即死した人もいれば、何年も経ってから負傷や放射線の影響で亡くなった人もいる。爆発で生じたキノコ雲は、核の時代とそのおそるべき脅威の象徴となった。核廃棄物、放射能、起こり得る大惨事に対する懸念は、国際的な反核運動に火をつけ、人新世をめぐる終末論的な不安が生まれるきっかけの1つとなった。

時29分、最初の原子爆弾が爆発した。この原爆実験は、ロスアラモス国立研究所のJ・ロバート・オッペンハイマー所長がつけたコードネームにちなみ、のちに「トリニティ実験」として知られるようになる。同じ日に、オッペンハイマーは語っている。

核廃棄物。

1945年7月16日、ニューメキシコの砂漠で実施されたトリニティ実験。

米国のHBOが制作したドラマシリーズ『チェルノブイリ』（2019年）の場面。

「世界が以前とは同じではなくなったことを、われわれは知った[4]」。そのとき彼が懸念していたのは、おそらく、やがて「人新世の影響」と呼ばれるようになるものよりも、むしろ帝国主義の地政学だったのだろう。

核の時代で最悪の大惨事は、1986年4月26日にウクライナのチェルノブイリ、そして2011年3月11日に福島県の原子力発電所で起きた事故だ。チェルノブイリでは、4号炉が爆発した結果、事後処理にあたった作業員およそ60万人が被曝し、500万人が汚染された地域から転居した。福島の場合、引き金は地震と津波だったものの、こちらも「自然災害」と見なすことはできない。どちらも主に人間の活動、欠陥のある設計、人的ミスが招いた事故なのである。

チェルノブイリの事故に関する貴重な資料が、1997年にロシアで出版されたベラルーシのノーベル賞作家スヴェトラーナ・アレクシエーヴィチの『チェルノブイリの祈り──未来の物語[5]』（松本妙子訳、岩波現代文庫、2011年）だ。事故当時、アレクシエーヴィチはチェルノブイリ原発から約400km離れたミンスクでジャーナリストとして活動していた。現場を目撃した数百人の取材に基づく同書は、原子力災害に見舞われた人間の苦しみを浮き彫りにしている。2019年、アレクシエーヴィチの著書に基づいたテレビドラマ『チェルノブイリ』が高い評価を受け、チェルノブイリ原発事故の実態が改めて世間に認知されることになった。一部では「災害ポルノ」と批判されたものの、現実に起きた事故の壊滅的な結果を若い世代に伝えるコンテンツであったことは間違いない。

あまり知られていないが、本来ならもっと注目されてしかるべき重要なチェルノブイリの記録が、アドリアナ・ペトリーナの『曝された生　チェルノブイリ後の生物学的市民[6]』（粥川準二監修、森本麻衣子／若松文貴訳、人文書院、2016年）だ。ペトリーナの分析により浮き彫りになったのは、被害を引き起こした過ちの教訓が活かされていない現実と、証拠を黙殺したり退けようとしたりする姿勢だ。チェルノブイリの事例は、原子力発電の安全対策を改善するための「究極の実験室」として活用さ

pp.62〜63：1986年の事故後、チェルノブイリ原発（ウクライナ）で処理作業に従事する人々。

れるべきだった。しかし、現実には25年後、福島で「想定外の事態」が繰り返されたのである。

　チェルノブイリ原発から放出された放射性物質は、広島、長崎への原爆投下により生じた量のおよそ400倍と推定されている。ペトリーナの著書は、災害発生時にも発生後にも事態を究明できなかったという悲しむべき過ちを暴露している。ペトリーナは真実とされる事柄を掘り下げ、序文の中でこの事実の本質について結論づけている。人類が注意を払う必要があるのは「あらゆる有機物がどのように腐敗するか……つまり、どのように有機物がいわば石化世界に移行し、究極的には、地層の底の深い時間へと葬り去られるかという法則」であると強調し、化石は「決して純粋なサンプルではない」と指摘している[7]。ディープタイムの人工物は固定された状態にあるわけではなく、外からの影響にさらされている。近年のものであれ先史時代のものであれ、地球に対する人新世の影響を確証するさいには、その点が重要となるだろう。

　広島、長崎への原爆投下、戦後の核実験、そしてチェルノブイリと福島の事故へと続く軍事と原発の歴史は、エネルギーに飢え、軍拡競争と政情不安に揺れる世界における核の危険性と、その持続する脅威を警告している。一方では、安全に利用すれば、原子力エネルギーは環境に優しい選択肢になるとする見方も根強く残っている。

　核の時代の成功と失敗を踏まえ、人類の未来は宇宙空間にあるのではないかと考え始めた人々もいる。地球の暮らしにすっかり適応した種にとって、宇宙は地球にはない困難に満ちた場所だが、少なくともその一部は、原子力エネルギーなどの新技術により克服できるかもしれない。英国の物理学者スティーヴン・ホーキングは、環境にまつわる理由から人類が地球を離れざるを得ない時が来るかもしれないと主張した。大気圏外での定住が可能

であるという認識は、すなわち、人間にとっては宇宙も地球と同じ「自然」であることを意味する。人類は過去数十年間、宇宙探査を急速に進めており、今後も引き続き推進するだろう[8]。だが、膨大な費用を要する宇宙への移住は、ごく少数の特権階級に限られ、誰もが選択できる包摂的な解決策にはなり得ない。植民地主義が生んだ格差に思いをめぐらせていたマハトマ・ガンジーは、人類による宇宙征服という問題に潜む皮肉なねじれを見てとっていた。独立国インドは英国の「開発」パターンに従うのかと問われたガンジーは、こう答えている。「英国がこの繁栄を達成するには、地球の資源の半分を要した。インドのような国なら、いくつの惑星が必要になるのか?」。世界が人新世の混乱を収束するためには、いったいいくつの惑星が必要になるのだろうか。

核分裂反応で動くように意図された、実現不可能な宇宙船を描いたコンセプト画。

10

湿地の干拓

　湿地（泥炭地、沼沢地、湿原、沼地など、さまざまな呼び名がある）は南極を除くすべての大陸、あらゆる気候帯とバイオーム（生物群系）に存在し、地球の陸地のかなりな部分（およそ6％）を占めている。面積が100万km²以上ある湿地帯はアマゾン盆地と西シベリア平原の2つで、100km²〜40万km²の湿地帯がさらに7つ存在する。その遍在性と大きさにもかかわらず、湿地が社会的議論の中心になることは通常ない。そのせいか、地球の湿地面積はわずか1世紀の間に50％、産業革命開始以降で見ると90％近くも減っている。しかもそのすべてが、問題提起も議論もされないまま進行してきたのである[1]。だが、20世紀が終わりに近づく頃、湿地は廃棄物の処理や温室効果ガスの吸収という点で、生態学的に地球で有数の貴重なエリアと見なされるようになった。

イングランドの沼沢地。

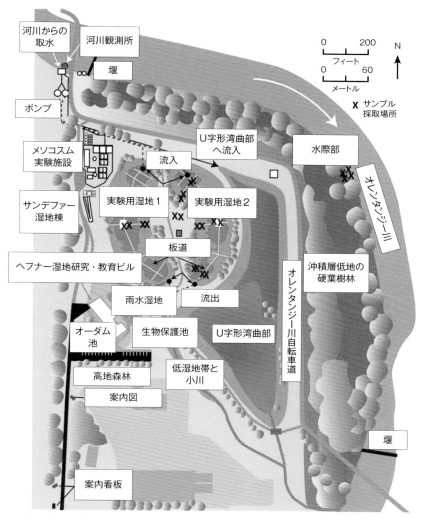

河川からの
取水

河川観測所

堰

0　　　　200
フィート
0　　　　60
メートル

N

X　サンプル
採取場所

ポンプ

メソコスム
実験施設

U字形湾曲部
へ流入

水際部

流入

実験用湿地1

実験用湿地2

サンデファー
湿地棟

オレンタンジー川

板道

ヘフナー湿地研究・教育ビル

沖積層低地の
硬葉樹林

雨水湿地

流出

オーダム
池

生物保護池

U字形湾曲部

オレンタンジー川自転車道

高地森林

低湿地帯と
小川

案内図

堰

案内看板

温室効果ガス排出の減少を実証するための実験用湿地の概略図。
場所は米国オハイオ州ウィルマ・シアーメイヤー・オレンタンジー川湿地研究公園。

　ダンテ・アリギエーリ、ジョン・ミルトン、ヘンリック・イプセンといった作家にとって、湿地は地獄の領域であり、病気や非道な行いがはびこる場所だった。ダンテによると、湿地は地獄の最奥にある4つの圏を取り囲み、そこでは異端者や嘘つきや詐欺師が最後の審判の日まで拷問を受け続けているという。ケンブリッジに近いイングランドの沼沢地を舞台にしたグレアム・スウィフトの1983年の小説『ウォーターランド』（真野泰訳、新潮社、2002年）では、ダンテが描いた地獄の光景の現代版が提示されている。同時に、風景と水の観察に基づく魅力的な述懐も登場する。「ひどく平坦で単調な現実。広大で空っぽな現実。沼沢地は、憂鬱や自殺と無縁ではない[2]」。

2005年のハリケーン・カトリーナがもたらした米国ルイジアナ州ニューオーリンズの水害。

湿地の干拓

ミシシッピ川流域（MRB）

■ MRBの主な硝酸源
■ メキシコ湾における一般的な低酸素域の範囲
— ミシシッピ川流域の境界
● MRBの排水された土地（8000ヘクタール）

土地排水が行われた領域を示す米国ミシシッピ・
オハイオ・ミズーリ河川系の地図。

その一方で、湿地は聖なる地、生命と再生の象
徴と見なされることもあった。この考えを支持して
いたのが、哲学者で環境保護主義者のヘンリー・
デイヴィッド・ソローである。ソローが強調したの
は、自然をめぐる人間の考え方は常に自然の中に
あるものを反映している、ということだ。「われわ
れ自身から遠く離れた荒野を夢見ても無駄だ。そ
んなものは存在しない。その夢を呼び起こしている
のは、われわれの脳とはらわたの中にある湿地、わ
れわれの中にある自然の原始の力なのだ[3]」。

湿地の重要性に対する認識は、1971年にイラン
のラムサールで締結された国際条約「特に水鳥の
生息地として国際的に重要な湿地に関する条約（ラ
ムサール条約）」で共有された。ラムサール条約は、
湿地の保全および賢明な利用に寄与する活動と国
際協力を規定し、現在171カ国が署名している。こ
の条約で特に重要な項目は、湿地の目録だった。
これにより、国際的な観点から重要と見なされる湿
地が世界中で2300カ所以上特定された。

自然資本（森林、土壌、水、大気、生物資源など、
自然によって形成される資源のストック）と生態系
サービス（生態系から人類が得ている利益の総称）
という観点から湿地の年間評価額を見積もる国際
的な研究によれば、湿地の価値は1京2790兆ドル
に上るという。これは世界全体の総価値の3分の1
に相当する[4]。この評価額が妥当かどうかはさてお
き、湿地を論じるとき「生物学のスーパーマーケッ
ト」という表現がしばしば使われる。生物多様性

湿地の排水溝。

がきわめて高く、膨大な生物量を有する湿地の性質を表す比喩だ。さらに「生物学的機械」「地球の腎臓」などと形容されることもある。こちらは、人間をはじめとする生物の廃棄物や排泄物を浄化する湿地の生態系サービスに着目した表現だ[5]。今日、湿地の干拓は「地球の腎臓」を弱らせ、「生物学的機械」を故障させることが広く認識されるようになっている。さらに、洪水を激化させ、壊滅的な被害をもたらす恐れもある。たとえば、2005年のハリケーン・カトリーナにより米国ニューオーリンズで発生した水害は、部分的には干拓計画の結果と言える。そうした大災害が再発する可能性は高いと、生態学者は予想している[6]。湿地をめぐる議論では、生態系の定義を狭くとらえないよう心がけ、絶えず変化し続けるその本質を考慮しなければならない。また、人間の活動やコミュニティーと、それが組み込まれている環境との相互依存性も考える必要がある[7]。

　啓蒙時代（17世紀後半〜18世紀）、湿地は人類のせいでかつてないほど急激な変化を遂げた。農業の革新と、掘削機やトラクター、整地用器具といった機械の登場は、大規模な湿地の干拓につながった。技術の力により、経済のニーズに応じて湿地を管理および整理できるようになったのだ。この時代、湿地は非生産的で魅力のない場所と考えられていた。

　18世紀と19世紀には、沼地や湿地は発展の障壁と見なされた。そうした考え方は、一連の壮大な土木工事計画で頂点に達する。その一例が、20世紀前半にアイスランド南部で進められた大規模な

灌漑計画だ。アイスランドの政府当局は1914年、個々の農場が柔軟に水管理をすることを促進し、農業の生産性を全体的に高めるべく、デンマーク人の考案した計画に出資した。この計画には莫大な費用が投じられたが、残念な結果に終わった。皮肉なことに、計画が「完了」したときには、農業におけるそのほかの革新により、少々時代遅れになっていたのだ[8]。この事例は、湿地を縮小させる試みの非生産性をあぶり出し、環境と調和した生活こそが人類と湿地の双方に利益をもたらすことを示す好例と言えるだろう。

　最近では、湿地の再生を訴える社会運動が世界各地で活発化している。大規模な干拓が行われた多くの地域で湿地が再生され、新たな植生や鳥類の生息地が生まれている。その成功例が、「ヨーロッパ再野生化」計画によるドナウデルタのウクライナ区域の湿地再生だろう[9]。ここでは、1970年代に建造された11のダムの除去後、魚の群れが戻り、カワウソや鳥類が新しいテリトリーを築いている。湿地が驚くほど急速に回復しているのだ。温室効果ガスを吸収する能力の高さから、湿地の再生は今や、地球高温化を減速または停止させるために欠かせない重要対策の1つと見なされている。2019年には、気候変動に関する政府間パネルが、湿地の再生は炭素隔離という点できわめて急速に効果を発揮して「即座の影響」をもたらし、測定可能な結果が出るまで数十年を要するほかの方法にまさると指摘している[10]。

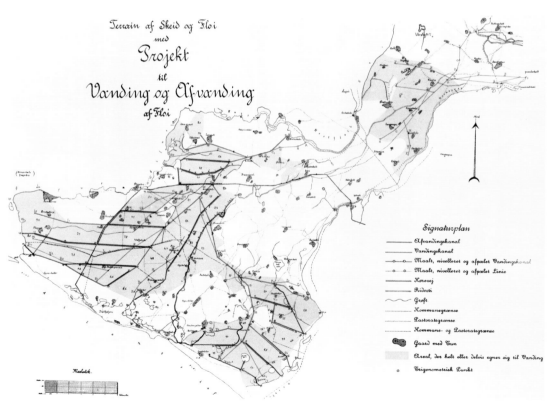

アイスランド南西部の湿地干拓に関する大規模な土木工事計画（1914年）。

湿地の干拓

11

プラスチック：
出汁とスープと島

プラスチックという概念には長い歴史がある。紀元前350年頃に書かれた論説『気象論』の中で、アリストテレスは2種類の「圧痕を保持しうる物体」（三浦要訳、岩波書店、2015年）、すなわち、人間の手で形を変えられる無生物を特定している。羊毛など「圧痕を保持しうる物体」は、「押し跡をつける」ことができても、その形を維持しないのに対し、蠟などの「圧痕を保持しうる物体」は可塑性のある物体プラスティクス（「形成する」を意味するギリシャ語の「プラセイン」に由来）であり、成形の過程で形が維持されると、アリストテレスは述べている[1]。「形成できる」という意味を持つ英語の形容詞「プラスチック」が使われるようになったのは16世紀末頃だが、「自由に形づくれること」を意味する「プラスティシティ」という名詞（子どもの柔軟な頭や、脳神経の可塑性に言及するときなどに使われる）が登場したのは、それよりもやや遅い18世紀後半だったようだ。今日の「形成外科（プラスチックサージェリー）」のようなものは、古代エジプトやインドの書物で言及されているが、プラスティシティの概念が生命そのものや生きた細胞の改造にまで拡大されるようになったのは、バイオテクノロジーとゲノム科学が進歩した20世紀後半になってからのことだった。

プラスチックがさまざまな形で普及し続けるのには、もっともな理由がある。製造費が安く（石油価格に左右されるとしても）、生産時に排出される温室効果ガスは、たとえば紙などと比べると少ない。紙より丈夫で耐水性があり、食品廃棄物を減らすのにも役立つ。3Dプリンターの力を借りれば、さまざまな形に成形できる。そして、何より素晴らしいのは、ある種のプラスチックが融解して繰り返し別の形につくり変えられる点だ。実際、過去数十年の成長は、ある程度はプラスチックのおかげである。だがその反面、大きな環境問題も引き起こされている。

現代社会には欠かせない石油化学製品由来の合成物質という意味でのプラスチックが誕生したのは1世紀前のことだ。以来、プラスチックはありとあらゆる分野へ進出してきた。プラスチック製品の脅威に多くの人が目を向けるきっかけとなったのは、海に浮かぶ巨大なプラスチックの「いかだ」の画像だ。プラスチックは、航行する船から海に投げ捨てられたり、下水道や河川を通じて海に流れ込んだりしたのち、還流という海の大きな流れに運ばれ、特定の場所に蓄積されていく。1997年、米国の海洋研究家、チャールズ・ムーア船長が太平洋の真ん中に浮かぶプラスチックボトルの集合体

南アフリカ沖を漂うプラスチックの島の一部。2019年に撮影。

プラスチック：出汁とスープと島

ゴーストネットが全身に絡まったウミガメ。

プラスチック：出汁とスープと島

に気づいた。ムーアはこの巨大な浮遊物を「プラスチックの島」と呼び、これを機に、海洋プラスチックごみの問題は環境をめぐる国際的な議題の1つとなった。

「島」というのは誤解を招く言葉だろう。というのも、ムーアの発見したプラスチックが海面近くに浮かんでいたのは一時的で、最終的には海底へ沈むか、海面と海底の間の海中を漂うようになるからだ。より的確な比喩として、「プラスチックスープ」という用語も提案されている。これは、海底から海面までの海中でプラスチックやそのほかの物質が混ざり合っていることを際立たせる表現だ。さらに、マイクロプラスチックやナノプラスチックの形成を強調する意味で、「プラスチックブロス」（ブロスは「出汁」の意）という言い方を提唱する人もいる。微細なプラスチックの断片は、海洋でも陸上でも、いつのまにか食物連鎖に入り込む。組織や器官に取り込まれたら、二度と除去することはできない[2]。また、漁の最中に流出したプラスチックの「ゴースト（幽霊）ネット」は、船のスクリューに絡まり、何十年も気ままに海を漂いながら、魚、ウミガメ、イルカ、クジラを傷つけたり、死なせたりする。海鳥が小さなプラスチックの物体を餌と間違えて食べれば、命を失うこともある。

プラスチック汚染の最も危険な側面が、食物連鎖のほぼあらゆるレベルにおいてナノ粒子とマイクロ粒子に「感染」する現象だろう。海に流出するプラスチックは年間800万tと推定されているが、海辺で見つかるものや、「プラスチックの島」として海上に現れるものは、そのごく一部、おそらくは1%ほどに過ぎない。追跡できないプラスチックの一部は海底に沈み、残りは発見困難な微粒子に分解される。

最近わかってきたことだが、雪片はもはや、美しい自然を象徴する牧歌的なモチーフとは言えなくなっている。というのも、雪もまたマイクロプラスチックに汚染されているからだ[3]。この微細な粒子は、風に乗って長距離を移動し、スイスアルプスや北極まで到達する。この新事実は、まだ理解が進んでいないものの、大気中を循環するマイクロプラスチック粒子が大気汚染の重要な構成要素になっていることを示唆している。マイクロプラスチックは雨と一緒に都会にも降り注ぎ、ロンドンでは過去最高値が記録されている[4]。そしてその大気を、私たちやほかの生き物が吸い込んでいる。

当初は進歩の象徴だったプラスチックが、今や誰もが認める厄介者となった。テレビシリーズ『ブルー・プラネットII』（2017年）で海洋プラスチック汚染の周知に貢献した英国の博物学者デイヴィッド・アッテンボローは、環境汚染は奴隷制度に

今では「プラスチックビーチ」と呼ばれるカミロビーチ（ハワイ）。

ハワイのカミロビーチで見つかった社会地質学的岩石、プラスティグロメレート。

劣らぬ嫌悪の対象になるだろうと予言する[5]。

　地球に対する人新世の影響をこのうえなく明快に示す痕跡の1つが、いわゆる「プラスティグロメレート」の存在だ。この凝集体は、たき火に溶かされたのち硬化したプラスチックが、自然に生じるさまざまな物質（堆積岩や貝殻など）を1つにつなぎ合わせて生じる。こうしたプラスチックの岩石が最初に発見されたのは、ハワイのカミロビーチである[6]。これは紛れもない社会地質学的な形成物で、その多くは、現代における人間の影響の明確な痕跡を探す地球科学者の前に永久に姿を現し続けるだろう。

　プラスチックは驚くほど短い期間に、スパイクや特徴的な地層としてではないにしても、人新世の重要な特徴の1つとして、その足跡を地球に刻んでいる。プラスチックがもたらす環境問題は、克服できない可能性もある。ひとたび製造されると、プラスチックは決して消えてくれない。目下、地域規模か地球規模かを問わず、重要なテーマとなっているのが、プラスチックの悪影響を最小限に抑え、生産スピードを遅くし、使用と廃棄を規制し、可能な場所ではごみを取り除くことだ。個人レベルでプラスチックの使用を控える努力には、確かな効果がある。そして、社会全体の意識も変わってきているようだ。しかし、使い捨てプラスチックの禁止を含めた政府規制当局の取り組みは、汚染の流れを食い止めるうえで、何よりも大きな影響力を持っているはずだ。

写真家グレッグ・シーガルの《7日分のごみ》。2014年の作品。

プラスチック：出汁とスープと島

プラスチック・カルチャー

プラスチックは、20世紀に開発されて以来、大衆文化や日々の話題の至るところに存在している。アンディ・ウォーホルはその本質をとらえていた。「僕はロサンゼルスが大好き。ハリウッドも大好き。みんな美しい。みんなプラスチックだけど——僕はプラスチックが大好き。僕もプラスチックになりたい」。彫刻家のピーター・ガニンは1940年代に黄色いアヒルを制作して特許を取得し、水に浮かべるおもちゃとして再現した。ポリ塩化ビニルなどゴムに似た素材で、平らな基部が特徴の「ラバーダック」(「ゴム製のアヒル」の意)は、シンボル的存在となり、お風呂で人気の玩具となった。販売数は5000万個を超える。

ジェフ・クーンズの独創的なステンレススチールの彫刻《ラビット》(1986年)は、20世紀を代表する象徴的な作品だ。2019年、この彫刻は存命の芸術家の作品としては最高額となる9107万5000ドルで落札された。初めてニューヨークのギャラリーに展示されたとき、『ニューヨーク・タイムズ』紙の美術批評家は「かつては空気で膨らませられるプラスチックでできていた、ニンジンを持つ巨大なウサギ」と表現した[7]。2007年には、ニューヨークでおなじみのメイシーズ・サンクスギビングデー・パレードに、この彫刻の巨大なバルーン版が登場している。ぴかぴか

のステンレススチールでバルーンアートのウサギを模した《ラビット》は、人新世の究極のシンボルと言えるだろう。

プラスチックのもっと禍々しい側面に注目した視覚芸術家も多い。たとえば、フロレンティン・ホフマンは、無数のバスタブや外洋に浮かべられたあの黄色いアヒルを巨大なゴム製立体芸術として再現した。その大きさたるや、幅26m、長さ20m、高さ32mというスケールだ。ホフマンはいくつかの大都市の港で、期間限定のインスタレーション作品としてこの巨大なラバーダックを展示している。

ベンジャミン・フォン・ウォンの写真シリーズ《Mermaids Hate Plastic(人魚はプラスチックが嫌い)[8]》では、人間と動物の特徴をあわせ持つ生き物が、1万本のペットボトル(廃棄物管理センターから借りたもの)の海に捕らわれた姿が表現されている。写真家グレッグ・シーガルは、自分たちが出した1週間分のごみに埋もれる友人や家族を撮影し、《7 Days of Garbage(7日分のごみ)》というシリーズを発表した。被写体にとっては、しばしば衝撃の体験となったようだ。

pp.80〜81：ベンジャミン・フォン・ウォンの《人魚はプラスチックが嫌い》シリーズより。2016年の作品。

2013年、台湾の高雄市で展示されたフロレンティン・ホフマンの巨大なラバーダック。

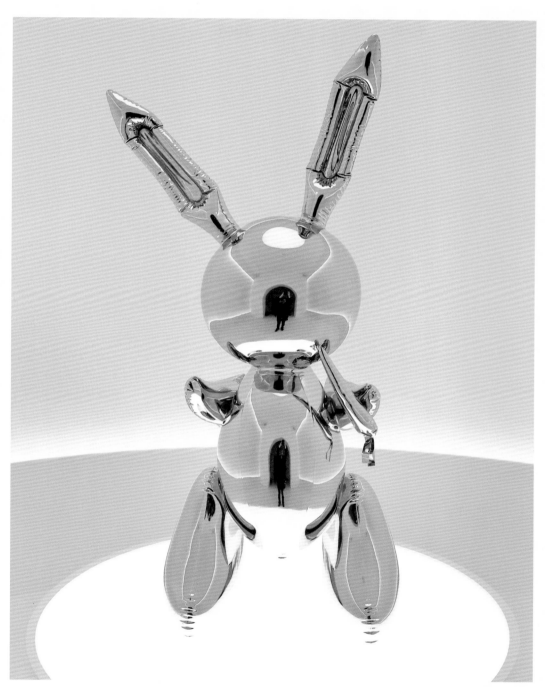

ジェフ・クーンズのステンレススチール製《ラビット》。1986年の作品。

プラスチック：出汁とスープと島

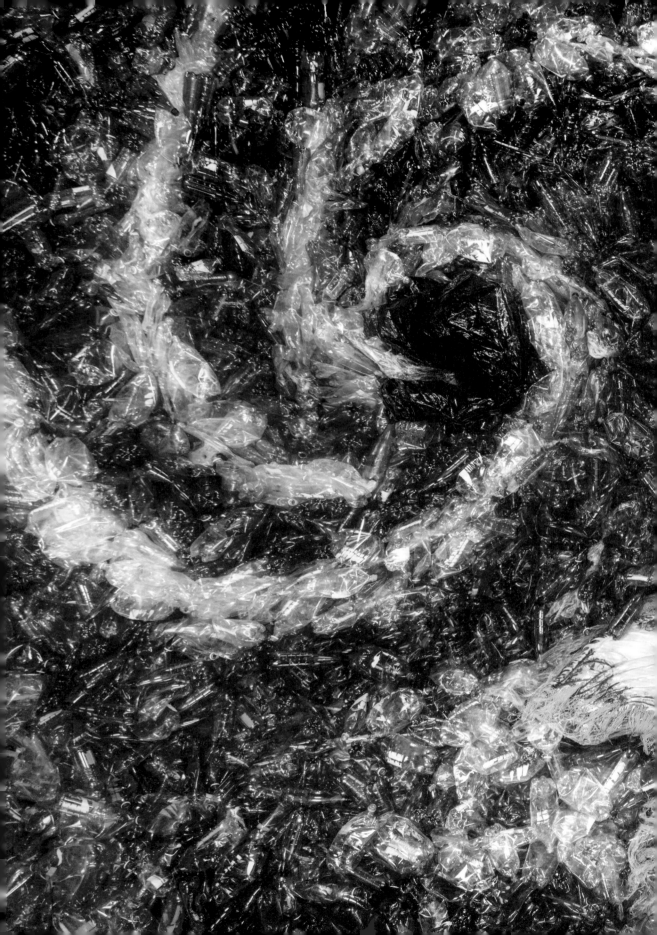

12

スーパーヒート

　人新世のただなかに生きる私たちの現在位置を知るためには、歴史的な観点が必要不可欠だ。環境歴史学の先駆者の1人ドナルド・オースターは、著作の中で次のように述べている。「われわれには……書き残すべき2つの歴史がある。1つはわれわれ自身の国の歴史、もう1つは地球という惑星の歴史だ」。そして「より大きな地球の歴史が残らず書き記されたとしたら、その中核にあるのは間違いなく、人間と自然界との関係の変遷だろう[1]」。こうした指摘は、モダニズム（近代主義）が絶頂期を迎えていた1980年代にはタイムリーなものだった。当時は、自然と文明の急激な切り離しが進み、歴史の記述は自然と文明の両方ではなく、いずれか一方を追うものがほとんどであった。

　しかし、2世紀前の地球の歴史家たちは、自然と文明の切り離しにそれほど熱心だったわけではなく、オースターが呼ぶところの「自然と文明の関係の変遷」を喜んで地図化しようとしていた。ビュフォン伯ジョルジュ・ルイ・ルクレールが『自然の諸時期』（菅谷暁訳、法政大学出版局、1994年）で提示した体系は、アレクサンダー・フォン・フンボルトやチャールズ・ダーウィンの世代の思索家たちに影響を与えた。ビュフォンが目指したのは、「地球が人間の領土となった瞬間」を特定し、土地をめ

ぐる人間の苦闘、とりわけ「恵まれた気候」を確保しようとした苦労を探求することだった[2]。ビュフォンは次のように指摘している。

　　……人間は自分が居住する気候帯の諸条件を修正し、その地の温度をいわば自分に適したものに固定しうるが……しかし奇妙なのは、人間にとって大地を温めることより冷やすことの方が難しいという点である。火の元素の主人である人間は、それを意のままに増大させ伝播させることはできるが、冷の元素の主人ではないため、彼にとってそれを捕捉することや伝達することは不可能である[3]。

　人新世の歴史は、一周回ってビュフォンの世界——つまり、彼の温度に対する懸念と、地球規模の視点を得ようとした試みに回帰している[4]。ビュフォンの時代、「恵まれた気候」は自民族中心主義的な概念であり、観察者が生きている世界が最良の世界だった。今日の気候は「恵まれた」とはほど遠く、地球は過剰な熱に苦しんでいる。

　米国およびヨーロッパの諸機関による複数のレポートが、過去10年は観測史上最も暑い時代だったと結論づけている[5]。2019年に関する記録によれ

過去50年の平均気温の変化

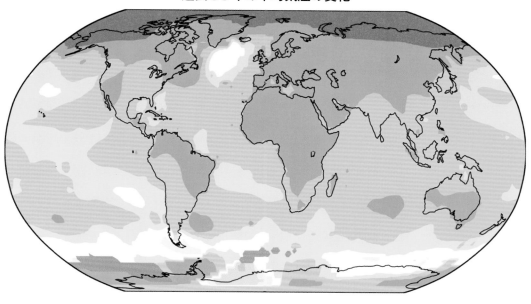

2010〜2019年の平均と1951〜1978年の差（℃）

-1.0	-0.5	-0.2	+0.2	+0.5	+1.0	+2.0	+4.0	

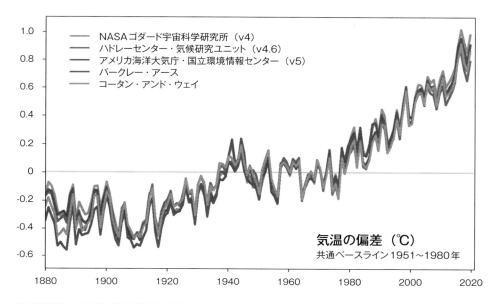

　　　　NASAゴダード宇宙科学研究所（v4）
　　　　ハドレーセンター・気候研究ユニット（v4.6）
　　　　アメリカ海洋大気庁・国立環境情報センター（v5）
　　　　バークレー・アース
　　　　コータン・アンド・ウェイ

気温の偏差（℃）
共通ベースライン1951〜1980年

20世紀後半から、地球の気温は着実に上昇している。

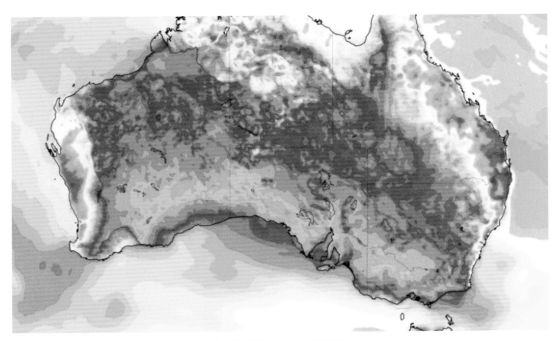

警戒警報。2019年12月19日、オーストラリアでは前日に続き最高気温の記録が更新された。

ば、地球表面の平均温度は、20世紀半ばの平均よりも1℃近く高くなっている。主な要因は、人間の活動と、化石燃料の燃焼に起因する大気中温室効果ガスの蓄積が加速したことだ。海洋の観測記録でも、同じような経過が示されており、これは重要な影響をもたらす可能性がある。というのも、人新世以降の気候変動によって余計に生じた熱の90％以上を海が吸収しているからだ。1℃と聞くと些細な差に思えるかもしれないが、こうしたデータは、世界がまだ地球高温化の制御にはほど遠い状況にあり、危険な「温室」状態に突入する恐れがあることを示唆している。この方向へと一歩進むごとに、未来の世代が環境に適応することは難しくなっていく。

　過去10年よりもさらに前の時代に目を向ける最近の研究では、過去50年をカバーする地球モデルの精度が確認されている。その一例が、人間の活動に起因する高温化について米上院で証言した米航空宇宙局（NASA）の気候学者、ジェームズ・E・ハンセンの開発したモデルだ[6]。そうした知見により、未来の気候予測は信頼性が高いという確信が深まっている。そして、そこから導き出される結論は、不安をかき立てるものだ。11世紀から13世紀にかけての中世温暖期から判断すると、高温化がもたらす破滅的な結果として、極端な渇水が起きる可能性がある[7]。今後、グラスゴー会議をはじめとする複数の国連気候変動会議では、2015年のパリ協定で定めた目標に沿って排出削減を進める、地球規模での取り組みが決定されるだろう。

　「オーバーヒート」という表現には比喩的な意味もあり、指数関数的なスピードと経済成長、急増するエネルギー需要、大量絶滅、衝撃的な汚染などを強調している。ノルウェーの人類学者トーマス・ハイランド・エリクセンが著書『Overheating: An

Anthropology of Accelerated Change（オーバーヒート：加速する変化の人類学）』で指摘しているところによれば、過剰な温度上昇という文字どおりの意味でのオーバーヒートは、より大きな人新世的複合体の一部であり、グローバリゼーション、ツーリズム、汚染、船舶輸送、新自由主義の政治を包含する、その複合体のもつれを解きほぐすのは容易でない。いくつもの要因が絡み合うこの複雑な結び目のせいで、オーバーヒートへの取り組みは困難でリスクの高い、混沌とした課題となっている。この複合体は、それぞれが互いを強め合う複数の

「暴走プロセス」を引き起こし、予測や理解や対応の難しい意図せぬ結果をもたらす恐れがある[8]。人新世においては、オーバーヒートよりも「スーパーヒート」という言葉のほうが適しているかもしれない。物理学の世界では、液体のスーパーヒート（過熱）とは、蒸発させずに沸点を超えるまで温度を上げることを意味し、これは急激かつ爆発的な気化につながる。

　2世紀前、ビュフォンは冷却を文明の事業、すなわち「人間の力が自然の力を補佐した」地球の歴史の「第七、そして最終期」の活動と見なしていた。

2019年8月、猛暑日の東京でポータブル扇風機を使う人々。

エアコンの換気ユニット。現代社会は、エアコンに依存して涼しさを保っている。冷房設備のカーボンフットプリントはきわめて大きい。

もし彼が20世紀の空調設備のことを知ったら、さぞかし当惑したことだろう。人間は住居や職場を冷やすために、空調設備を何十億台も使ってきた。冷房設備の需要は地球高温化に比例して増加し、それが化石燃料由来の電気の需要を押し上げ、高温化に拍車をかけている。

　興味深いことに、現在、エアコンのような機械を使って、冷却プロセスの間に大気からCO_2を取

り込み、同時に気候への負荷の小さい再生可能な「クラウドオイル」を生産する試みが進んでいる[9]。こうしたエコサイエンス（環境科学）は、サイエンスフィクション（SF）と隣り合わせの領域にある。さらに言えば、気候危機への人類の対応という点で、エコフィクションの演じる役割は大きくなりつつある。あらゆる種類の芸術、音楽、詩、小説には、人々をデータと統計の先へと導き、ありのままの世界と関わらせる力がある。そして、世界をより良くする道を開く可能性も秘めている。

13

氷河の最期

　初期の氷河探検家の多くは、遭遇する巨大な氷床を生命のない不活発なものだと考えていた。それは思い違いだったと、彼らはのちに気づくことになる。現代の氷河の大半は、地球が寒冷化していた1550〜1850年頃のいわゆる小氷期に生まれ育ったものだ。さらに言えば、氷河では常に季節的変動も見られる。小氷期の終わり以降に後退した氷河は、その道筋に沿って岩の表面に跡を刻み、化石と同じように、地球の奥深い歴史をめぐる教訓を人類に投げかけている。フランスの歴史学者エマニュエル・ル=ロワ=ラデュリはヨーロッパの公文書の中に、「残された家々や土地の破壊を約束しているとしか思えない、途方もなく巨大なおそるべき氷河[1]」について書かれた記録を発見した。地球高温化の到来に伴い、世界の氷河は今や、人類の営みが地球に与える影響をめぐる第二の、そしてより深刻な教訓を人類に与え始めている[2]。一部のケースでは、人間が起こしたはるか彼方の火災に起因する粒子により、氷河の融解が加速することもある。そうした粒子が雪や氷に閉じ込められると、氷河の表面が黒っぽくなり、太陽エネルギーの吸収率が上がるからだ。アマゾンで起きた近年の火災と森林破壊は、このようにしてアンデス山脈の氷河の融解に関与しているのである[3]。だが、氷河融解

を促進する主な要因は、人新世の重要な痕跡の1つである温室効果ガスが引き起こす温暖化だ。

　氷河融解の影響は多岐にわたり、場所によってペースは異なるものの、氷河が完全に消え去るまで続くと予想される。世界の国々が2015年パリ協定の目標を目指し、今世紀の気温上昇を産業革命以前（人新世以前とも言える）と比べて1.5〜2℃までに抑えることができなければ、氷河は姿を消すだろう。消えゆく氷河は、私たちに一連の問いを引き起こす。氷河周辺で暮らしてきた人々の生活において、氷河はどのような役割を果たしてきたのだろうか。そして氷河融解は局所的にどんな影響を与えるのだろうか。地元の住民であれ、遠方からの訪問者であれ、こうした疑問が多くの人を氷河へ向かわせるのではないだろうか。氷河は、多くの地域において、観光客や科学者の旅の目的となっている。

　氷河後退の影響の1つに、地球の自転軸（地軸）がずれ始めたことがある。氷床が融けると、地球表面の質量分布が変化する[4]。そのことがどのような影響をもたらすかは、まだ明らかになっていない。それよりはるかに注目されているのは、水害や海面上昇といった切迫した影響だ。そうした現象により、人々はすでに転居を強いられ、歴史ある集落は水

2019年11月、1966年以来最悪の水害に見舞われたヴェネツィアのサンマルコ広場。

氷河の最期

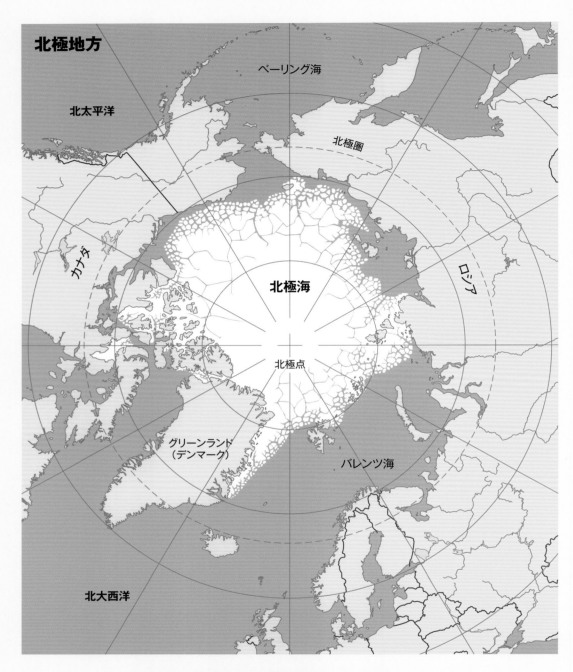

北極地方

北太平洋

ベーリング海

北極圏

カナダ

ロシア

北極海

北極点

グリーンランド
（デンマーク）

バレンツ海

北大西洋

グリーンランド周辺の北極の海氷は予想より速いペースで消滅している。

《Lines (57˚ 59' N, 7˚ 16' W)》

水害に適応するための経済的・心理的コスト（環境問題に伴う悲しみも含む）は甚大だ。その迫り来る脅威を巧みにとらえたビジュアルアート作品がいくつかある。その一例が、スコットランドのヘブリディーズ諸島に位置するとある町につくられたインスタレーション作品だ。フィンランド人芸術家、ペッカ・ニートゥヴィルタとティモ・アホによるこの作品には、潮の変化と連動するセンサーが使われており、満潮になると、同期した光のディスプレイが起動する。この2018年のインスタレーション作品は、町を訪れた人たちに将来の海面上昇を想像させ、「沿岸部やその住民、将来の土地利用における海面上昇の影響をめぐる対話[11]」のきっかけになっている。

に沈み、何億という人が暮らす沿岸の都市全体が危険にさらされている。2019年11月には、イタリアの歴史あるヴェネツィアの街が1966年以来最悪の水害に見舞われ、潟湖にある街の大部分が被害を受けた。この危機の最中に対応策を議論していたヴェネト州議会は、気候変動と闘うという案を最終的に却下した。議会がその結論に至った数分後、議場に水が流れ込んだ[5]。

グリーンランドの氷河の融解は、以前に考えられていたより速いペースで進行している。これは、グリーンランドで暮らす人々にも、そして地球にも深刻な影響をもたらす恐れがある。この氷床は南極に次ぐ世界2番目の大きさで、グリーンランドの80％を覆っている。その融解は、海面上昇に大き

く関与すると見られている。住民たちにとって、移動のルートであり、狩り場でもある氷床は、きわめて重要な存在だ。市場経済と植民地支配（デンマークの一部として）の陰に隠れた伝統的生活様式に欠かせない要素なのである。グリーンランドの人々は、そりを引く犬たちを家族だと思ってきた。だが、今ではその犬たちを殺すことを余儀なくされている。海氷の融解は、グリーンランドの人々に極度の不安を引き起こしている。『ガーディアン』紙のインタビューの中で、猟師のクラウス・ラスムッセンは「衝撃的な悲しみの爆発」について語り、それは「感情を滅多に表さない文化」、そして「強さ、沈黙、自己充足が称賛される」場所においてはきわめて大きな意味を持つ反応だと話した[6]。

かくして氷河は生き、死んでいく。氷河の近くで生きる人々は、氷河に敬意を抱き、その死を嘆き悲しんでいる。ペルー南部のアンデス山脈で、植民地化される前から受け継がれてきた雪と星の祭り「コイヨリッティ」は、その地域の氷河を称えるための伝統行事でもあった。毎年恒例の3日間の祭りで、男たちは神話上の半人半熊の衣装をまとい、氷河から氷のかたまりを切り出してきて、それをコミュニティーで共有する。氷河が融けてできた水には、人間を癒やす力があると信じられてきた。現在では、温暖化により氷河が縮小した結果、この伝統も途絶えてしまった[7]。地域の氷河の融解は、氷河と共に生きてきた人々に打撃を与えている。それはまるで、山脈が涙を流しているかのようだ。

　最初の氷河の「葬儀」は、2019年8月18日にアイスランドで執り行われた。世界各地から約100人がアイスランド西部のオク山に集まり、きわめて険しい地形を通る困難なルートを5時間かけて山頂まで歩いた。そして、直接的にせよ間接的（砂や粒子の飛来による）にせよ、地球高温化により融解した最初のアイスランドの氷河を追悼したのである。オク山の石に据えられた記念碑には、アイスランドの作家で活動家のアンドリ・スナイル・マグナソンによる「未来への手紙」が刻まれている。「私たちは知っている。何が起きているのか、何をしなければならないのか。私たちが実行したかどうかを知るのは、あなたがただけだ」。この追悼式には、元アイルランド大統領で国連人権高等弁務官のメアリー・ロビンソンなど世界の要人も何人か参加した。人新世的な造語を使って言うと、このイベントの「オクワードネス（ok-wardness）」（オク山と「ぎこちない」「厄介な」などを意味する英語awkwardnessをもじった語）は、融解の時代における氷河の奇妙な「ニューノーマル」と、それが人類と母

ペルー南部のアンデス山脈で開催される雪と星の祭り「コイヨリッティ」。クルキプンク山の氷河を下る男たち。2016年5月24日。

2019年8月にアイスランドのオク山で行われた氷河の葬儀。

2019年8月に行われた氷河消滅宣言。背後にオク山の氷河の名残が見える。

「未来への手紙」。アイスランドのオク山に設置された記念碑。2019年8月。

なる惑星との情緒的つながりにもたらす影響を浮き彫りにしている。

　オク山の氷河は、地質学的な評価では完全に死に絶えた。残っている雪や雨氷は、もはや氷河のように移動することはない。この氷河は、アイスランドで最初に消滅し、追悼された氷河というだけではない。その運命はたちまちのうちに氷河消滅の普遍的なシンボルとなり、世界中の数え切れないメディアの見出しを飾った。1カ月後、スイスにも同様の「オクワード」な瞬間が訪れ、スイス東部のグラルナー・アルプスに位置するピツォル氷河が追悼された[8]。

　融けていく氷河の縁で、火山噴火に起因する灰の層が見えることがある。このイレギュラーな横縞は、時が氷に刻み込んできた層であり、歴史の重要な手がかりを与えてくれる[9]。消えゆく浮氷は、地質学で言うところの「氷舌」から突き出し、時に自らをあざわらっているかのようにも見える。事態が予想どおりに進行すれば、人間の活動が地球に及ぼした影響は年を追うごとに明確に立証され、いずれ氷河は姿を消すだろう。

　氷河の表面にドリルで穴を開けて深部から抽出した「氷の年代記」は、数千年、あるいは数万年にわたる環境変化を示すきわめて貴重な記録となる。1993年7月1日、グリーンランド氷床プロジェクト2は世界に向けてメッセージを発した。「グリーンランド中央部で……岩を穿った。これまでに氷床コアから得られたもののうち……最も長い歴史記録が完成する……そして、北半球ではこれ以上に長いこの手の記録は得られない[10]」。それは歴史的な瞬間だった。このプロジェクトにより、はるか遠くの過去に関する見事な地質学的証拠、歴史のさまざまな時点の大気のサンプル、そして未来の気候予測のための基本ツールが確立されることとなった。

スイスの「死んだ」氷河の追悼。2019年9月。

氷河の最期

Results さまざまな現象

14

異常気象

気候と気象（天気）は、いつの時代も多くの人にとって気分や健康を左右する重要な問題である[1]。日常生活において、「気候」と「気象」はしばしば同じ意味で使われるが、どちらも人新世的に解釈する必要があるだろう。意味が重なる部分はあるものの、2つの間には重要な違いがある。気候は通常、大気の長期的な「挙動」を意味する。英語の「気候（climate）」の語源は、ギリシャ語の「klima」で、これは「傾く」「坂をなす」を意味する「klinein」から派生した語である。たとえば、地球高温化は1つの経時的傾向であり、坂道のようなものと言えよう。一方、「気象」は短時間の状況を指す。穏やかで安定していることもあれば、乾いた熱気と強風を伴う最近の大規模火災、あるいは大洪水やハリ

「ハリケーンシーズン」と警告する標識。

2017年、ハリケーン・ハービーで水没したヒューストン（米国テキサス州）の家々。

異常気象

2017年、ハリケーン・ハービー襲来後のヒューストン（米国テキサス州）。

異常気象

ケーンのように、突飛で、極端で、猛烈になることもある。これらはみな、一部の地域にとっては年中行事のようなものである。つまり、気象は「遭遇する」事象であるのに対し、気候は変化して何かへ向かおうとする「傾向」ということだ（「傾向」を意味する英語「incline」も語源は気候と同じ）。そしてその変化は、時に悪いほうへ向かう。

『We Are the Weather（私たちは気象だ）』という書籍のタイトルが示唆するように、人類が気候に影響を与えることができるとしたら、人類が気象をつくることもできるのだろうか[2]。異常気象は人新世に特有のことなのか。極端な気象にも傾向や潮流があるのか。これらの疑問に答えるのは難しい。氷床コアと木の年輪は、気候について多くを伝えてくれるが、洪水やハリケーンに関してはそれほど率直に語ってくれない。また、気象の追跡は、温度の記録に比べると、はるかに歴史が浅い。ハリケーンとの接近戦（たとえば、その中に飛び込むなど）は、現代の気象学者だけに許された贅沢なのだ。

異常気象を避けられない地域の人々は、自然と複雑なボキャブラリーを発達させてきた。たとえば、ハリケーン、サイクロン、台風、トルネード、洪水、雪崩、津波といった言葉だ。そうした言語は、それぞれの事象に遭遇した人の直接的な経験をもとに、世界各地の歴史書や民族誌的記述の中に書き残されているが、はるか昔の考古学的記録としては保存されていない[3]。とはいえ、歴史の探求と未来の予測には希望が持てる。気候変動に関する政府間パネルは2007年、「熱帯低気圧の強さは気候モデルの予測以上に増しており、この傾向は今世紀を通じて続く可能性が高い」と結論づけ、「おそらく、熱帯低気圧の強さの増大には、人間が何らかの形で関与しているだろう」と付け加えた[4]。そのほかの研究でも、発生頻度が増えない可能性は

ハリケーン・ドリアンの目。2019年9月1日。

2017年、ハリケーン・ハービー襲来後のヒューストン（米国テキサス州）。

あるものの、熱帯低気圧はより極端なものになると結論づけられている。実際、最大級の熱帯低気圧の強さは次第に増している。メキシコ湾のコーパスクリスティ湾を対象にしたある研究では、「将来の地球温暖化予測が現実のものとなれば、今後80年間で沿岸部の洪水のレベルが大幅に上昇し、沿岸部の地域社会はさらにハリケーンの被害を受けやすくなる」ことが示唆されている[5]。

ハリケーンの強大化は洪水リスクの上昇を意味し、沿岸部の土地や人命を深刻な危険にさらす。歴史的被害をもたらした最近のハリケーンとしては、2005年にニューオーリンズと周辺地域を徹底的に破壊し、1200人の犠牲を出したカトリーナや、2012年に8カ国で230人以上の死者を出し、人々の感情、政治、財政に甚大な影響を与えたサンディなどが挙げられる[6]。

2019年の大西洋ハリケーンシーズンには、ハリケーンに関するすべての指標が、過去10年間のほぼ平均かそれ以上となった。ジェフ・マスターズは2019年のハリケーンシーズンに関する記録の中で「大西洋海盆でカテゴリー5の嵐が発達するのは、これで4年連続（新記録）」だと指摘している[7]。そして「これらのハリケーンは未来の先駆けなのか？」と思案している。その1つが、超大型のハリケーン・ドリアンだ。時速185マイル（秒速82m）の風を伴うドリアンは、バハマ、米国南東部、ヴァージン諸島、さらにはカナダの一部に壊滅的な打撃を与え、被害額は46億ドルに達した。

ハリケーンの勢力を弱めさせたり、減速させたりするための試みも、いくつか行われている。1960年代、70年代、80年代に米国政府が実施したストームフューリー計画では、狙いをつけたハリケーンの中に航空機を送り込み、ヨウ化銀を散布した。それにより、ハリケーン内の水が凝固点まで冷却さ

れ、ハリケーンを減速させたり進路をそらせたりすることができるのではないかと期待されたからだ。だが、この手法がもたらす結果には不確定要素が多すぎることが明らかになった。ほかには、熱帯の海まで氷山を引っぱっていき、サイクロン直下の水を冷やすという大胆な案もあった。だが、熱帯のサイクロンは、人間が「制御」するには強力すぎるようだ。人類はサイクロンを増大させることはできるかもしれないが、サイクロンがひとたび動き出すと、もはや人間の手には負えない。被害を緩和する対策を立て、防御設備を築き、嵐の最中や事後に生じる問題に対処するほうが賢明だろう。

　興味深いことに、定期的にハリケーンの被害を受ける土地では、気候変動に言及しないことを条件に、政府や州の救済措置が提供されるケースもあるようだ[8]。米国では、ハリケーンの事前の備えや影響緩和の資金として、沿岸部の各州に数十億ドルが割り当てられているが、気候変動という言わずもがなの重要課題には具体的に言及しないことが条件となっているらしい。たとえば、テキサス州の306ページに上る計画案は、「気候変動」にも「地球温暖化」にも触れておらず、「沿岸部の状況の変化」を例示するにとどまっている。別のケースでは、災害に対する支援金の使途を定める公式な報告書や規則の中で「気象条件の変化」と海面上昇を認めているにもかかわらず、気候変動には言及していない。

　現在、米国で気候災害をめぐる議論が秘密裏に行われ、ほとんどファクトとの戦いと化しているのは、部分的には冷戦の結果だ。核兵器の軍拡競争は、監視と国家安全保障にとりつかれた国を生んだ。冷戦により、人類は初めて「正真正銘の地球の危機を想像」できるようになった[9]。サイクロンがある意味紛れもない現実である一方、人間の活動がその強大化の原因となっている可能性をめぐる議

1966年、ストームフューリー計画のクルーと、計画で使われたダグラスDC-7機の1機。

映画『デイ・アフター・トゥモロー』（2004年）の場面。

論は入念に抑えこまれ、骨抜きにされている。気象学者のジェームズ・E・ハンセンは、将来の地球温暖化の脅威について警告したのち、ハッキングやハラスメントの標的とされた。そして、気候変動とハリケーンの激化の関連性を調べた科学報告書にアクセスすることも著しく制限された[10]。サイクロンを予測・追跡するために使われる技術は、地球の詳細なマッピング、スーパーコンピューター、衛星監視システムをはじめ、冷戦が育んだ技術に大きく依存している。官僚がハリケーン・カトリーナを核戦争や広島の原爆になぞらえたのは、偶然の一致ではない。自然が新たな「恐怖との戦い」を引き起こしたのだ。

サイクロンと核の冬は、映画、書物、音楽などさまざまなアートやメディアを通じて、世間の注目を集めている。米国では『パーフェクトストーム』『デイ・アフター・トゥモロー』といった大作映画も製作された。『デイ・アフター・トゥモロー』では、気象学者の地球温暖化をめぐる警告に安全保障当局が耳を貸さずにいるうちに、ロサンゼルスが竜巻に破壊され、ニューヨークは高潮にのまれ、やがて凍りつく。こうした映画は破滅の予感や絶望を抱かせるかもしれないが、その一方で心がまえや希望も持たせてくれる。建設的で一致団結した対策により、将来の大洪水やサイクロンへの備えをするよう促してくれるのだ。

15

火山の噴火

　科学者たちは世界の科学マップに地震、火山、地層を少しずつ追加してきた。「何が火山噴火を引き起こしているのか？」。それが科学界の疑問だった。ドイツの気象学者アルフレート・ヴェーゲナーが1912年に大陸移動説を提唱すると、その答えはある程度まで明らかになったかに見えた。大陸移動説──いわゆるプレートテクトニクス理論では、地球の地殻はいくつもの厚いプレートで構成され、そのプレートが地球の核で燃える炉の上をゆっくり

と、だが絶えず移動している、と考えられている。プレートは互いに離れたりくっついたり、一方が他方の下に沈み込んだりする。プレートとプレートの境目では、地面が隆起して山脈や火山が生まれ、噴火が起きる。このプレートテクトニクス理論は、1960年代半ば頃に広く受け入れられるようになった。だが、人々がプレートの移動そのものを直接的に観察するようになったのは、衛星のおかげで地球上の動きを宇宙から観測できるようになった

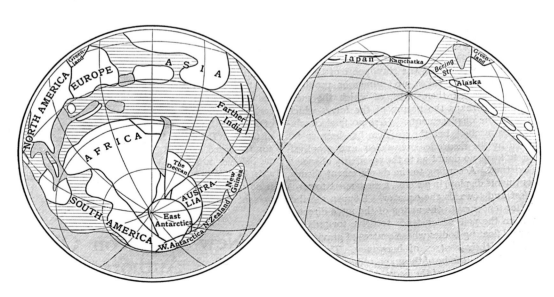

石炭紀の地球の略図。アルフレート・ヴェーゲナーによる、大陸移動説に関する1915年の論文より。

2010年、アイスランド南部のエイヤフィヤトラヨークトル火山で起きた噴火。

1990年代のことだ。

　人間が地球に及ぼした影響は、どれくらい深くまで及んでいるのだろうか。人新世の痕跡は、地球の内部、つまりプレートやマグマの地下世界でも見つかるのか。答えは、イエスだ。液体を地中に注入し、石油やガスの抽出を促進する水圧破砕法（フラッキング）は、それがなければ起こらなかったであろう地震を発生させている[1]。地熱エネルギーの利用でも同様の作用が生じる。では、火山はどうだろうか。オーロラのような地球外に起因する現象と並んで、伝統的な意味での自然力であり、手つかずの原始の名残でもある火山は、人間の影響を免れているのだろうか。

　火山噴火は時に劇的な効果をもたらす。2010年にアイスランド南部のエイヤフィヤトラヨークトル

火山で起きた噴火が、いい例だ。衛星技術のおかげで、噴火の進捗状況は、世界中からライブで見られるようになった。すぐに、あらゆる人がアイスランドを話題にし始めた。エイヤフィヤトラヨークトル（ヨークトルは「氷河」を意味する）の噴火は、ヨーロッパ全土の空港を閉鎖に追い込んだ。火山灰でエンジンが不具合を起こしかねないため、航空機は風向きが良いときしか運行できなかった。空港閉鎖により、火山から遠く離れた国々の日常生活と、1000万人に上る旅客およびその家族が少なからぬ影響を受けた[2]。航空路線の欠航により、つかのま温室効果ガスの排出がスローダウンしたが、その一方で火山独自のガスが大量に生成された。

　1783年のアイスランド・ラキ火山の噴火は、人新世の黎明期に起きた事例である。これまでのとこ

火山学者の草分けウィリアム・ハミルトンによる、1776年以前のヴェスヴィオ山のクレーターを描いた手彩色版画。

ろ、それが気候変動の結果だったことを示す痕跡はない。だが、5500〜4500年前頃の完新世中期のアイスランドにおける火山噴火を調べた歴史研究では、氷河の拡大が地球表面に圧力をかけ、噴火を鈍化させることが示されている。最近の火山噴火の急増は、温暖化と氷河後退の結果、つまり人間が引き起こしたものだと考えられないだろうか。

実際、北極における火山噴火の一部は、人間活動に起因している[3]。アイスランドのヴァトナヨークトル氷河の氷冠を調べた2008年の研究では、人類に関連した時間枠で、氷河の融解が火山活動を増加させる可能性が示唆されている[4]。アイスランドの火山を対象にした、より最近の研究では、隆起と火山活動はおそらく地球高温化の結果だろうと結論づけている[5]。アリゾナを拠点とする研究チームは、全地球測位システム（GPS）によりアイスランドの62地点を継続的に測定した結果をもとに、アイスランドの地殻の急速な隆起（1年あたり最大35mm）が、ここ30年の噴火および高温化の開始と同時に起きていると断定した。『ガーディアン』紙はこう主張する。「気候変動がアイスランドを持ち上げている。そして、それは火山噴火の増加を意味するかもしれない」。アイスランドの地殻を、絶えず動いているトランポリンになぞらえたメディアもある。高温化、氷河の消滅、そして減圧が2010年のエイヤフィヤトラヨークトル火山噴火の引き金となった可能性はありそうだ。これは人新世の重要かつ新しいひねり技である。トランポリンへようこそ！

地球科学者はまだ地表のはるか下までは到達できていないが、現在では、このダイナミックな惑星の奥深くを調べられるようになった。スーパーコンピューターと数学の助けを借りれば、地球内部を人体のように「スキャン」し、地中深くのマグマの長距離移動をモニタリングすることができる。ここ

で人体になぞらえたのには意味がある。考古学者カレン・ホルムバーグも述べているように、人間はしばしば火山を擬人化し、指、肩、首、さらには人格まで持つ存在のように扱ってきた。象徴としての重要性においては、1世紀にローマの都市ポンペイを破壊すると同時に保存したヴェスヴィオ山を超える火山は少ないだろう[6]。ヴェスヴィオ山はしばしば、不規則に肩をいからせたりすくめたりする生き物として表現される。そうした解釈は、有形の火山がまさに生きているのだと実感するのに欠かせないものであり、同時に、人間がことあるごとに「自分たちの」火山とのつながりを感じていることも伝わってくる。火山の活動する「体」を理解することは、火山と共に生きる者にとって重要なことだ。人間の集落の真上や近くで起きる噴火は、人生で大切な事柄や、より大規模で一致団結した行動の必要性を照らし出す。その意味で、既成の秩序の破壊を表すのに便利なメタファーとも言えよう。

それを見事に体現しているのが、フランスのア ーティスト、ネリー・ベン・ハヨンによるインスタレーション作品《The Other Volcano（もう1つの火山）》だ。この作品は、リビングルームのど真ん中で、人間活動に起因する人新世の噴火のダイナミクスを表現する。ベン・ハヨンは2010年、いくつかの人造火山をロンドン市民の家のリビングルームに設置した。この火山をつくるにあたり、ベン・ハヨンが「生きた」例としてモデルにしたのが、米国のセント・ヘレンズ山と、タンザニアのオルドイニョ・レンガイ火山（この名は「神々の山」を意味するマサイ語に由来している）だ。ベン・ハヨンは火山模型の内部に起爆装置と花火用の爆薬を仕込み、時々噴火させた。有志の参加者が2週間自宅で火山の「世話」をし、このプロセスを実地で体験した。ベン・ハヨンはこの作品について、自身のウェブサイトでこう説明している。

《もう1つの火山》がイメージするのは、愛憎関係、家庭の片隅でうなり声を上げ興奮を引き起こす「眠れる巨人」、そしておそらくは恐怖（こ

アイスランドの南のヴェストマン諸島（ヴェストマンナエイヤル）を構成するエリデイ島。平らな楕円形の岩は、はるか昔の火山噴火で生じたクレーターの頂上部だ。岩のまわりには小さな島ができている。遠くに見えるクルーズ船が、国際旅行と地球高温化の地質学的影響を思い起こさせる。そしてまた地震と火山噴火が引き起こされ、「死んだ」火山の蓋が開くかもしれない。

Geographie der Pflanzen in den Tropen-Ländern;

火山と植物の地理分布を描いたアレクサンダー・フォン・フンボルトの《Naturgemälde（自然の絵画）》。
火山の名にちなんで「チンボラソ・マップ」とも呼ばれる。

の場合は生命に関わるものではなく、少なくとも清潔で整然としたリビングルームの家具調度の布地に関わる恐怖）である[7]。

ベン・ハヨンが試みたのは、生きているようにうねる山の予測不能なパフォーマンスによって、リビングルームの心地よい空間が脅かされるという実験だった。家の中に異国からの客がいるようなものだ。地球高温化とは、いわば部屋の中の巨大な火山である。そしてその部屋には、人為起源の噴火の証拠について考察する私たち人間も住んでいる。

フラッキング、掘削、そして地震や火山の誘発などが地球内部に与える影響は、交通や産業で発生する温室効果ガスの影響に比べれば、比較的小さく見えるかもしれない。だが、もつれ合う人新世の影響の中から1つだけを取り出すのは難しい。それどころか、人新世のさまざまな要素が組み合わさった連鎖的効果も起こり得る。温室効果ガスの

排出は極端な高温を招き、それが氷河を融かし、地殻の隆起を誘発し、さらにそれが地震と噴火を引き起こし、結果的にますます温室効果ガスが増える、といった具合だ。最近の極端な気温は、この連鎖を加速させるばかりである。つまるところ、地球上のあらゆるものは互いにつながっている。古くはアレクサンダー・フォン・フンボルトも、火山と温暖化をめぐる優れた著作の中でそれをほのめかしていた。フンボルトが《Naturgemälde（自然の絵画）》（チンボラソ火山にちなんで「チンボラソ・マップ」とも呼ばれる）で表現した自然の相互連結性は、しばしば地球高温化の分析に用いられている。等高線を取り入れ、火山を含むさまざまな環境要因を詰め込んだこの絵は、インフォグラフィックの進歩の先駆けとなった。

pp.112～113：2010年、噴火したアイスランド南部のエイヤフィヤトラヨークトル火山。

16

崩壊寸前の海

海は生命の歴史と未来に欠かせないものだ。太古の生物が誕生した場所であり、今も全地球上の生物圏に不可欠な水の貯蔵庫であり（地球の水の97％は海にある）、炭素と気候の循環を調節している。だが、人類はあまりにも長い間、海をその縁から、つまり海と陸の境界にある岸辺から眺めてきた[1]。植民地時代になると、ヨーロッパの艦隊や探検家、奴隷商人、プランテーション所有者などの活動により、人間の海洋観は大きく広がった[2]。それは長い人新世の始まりを告げるものでもあった。

海岸線と浅水域は、常に食料と塩の供給源だった。塩は昔から有益なものと見なされ、食品や死者の遺骸の保存に用いられてきた[3]。通貨と同様、強力で不滅、計量可能なものとして重用されてきたのである。この価値観は、「サラリー（給料）」という言葉の由来に見てとれる。古代ローマでは、労働者が海から塩を抽出して都市に輸送し、それと引き換えに「サラリウム（塩のお金）」を得ていた。この語から「サラリー」という言葉が派生したわけだ。聖書には、一部の人はほかの人よりも「多くの塩に値する」という言い回しが出てくる。だが、塩がいつも天の恵みだったわけではない。中世には、集団の利益に反した地主を罰するため、その土地に塩をまき土壌をだめにすることもあったという。

西洋人の想像の中で、海はずっと二次元のまま
であり、旅行、商業、伝達のための広大な風景で
あった。旧約聖書のレヴィアタン（リヴァイアサン）、
北欧神話のミドガルズの蛇、ハーマン・メルヴィ
ルの小説『白鯨』（富田彬訳、角川文庫、2015年）
に登場する巨大な白いマッコウクジラなど、魅力的
な海の怪物たちは、海の深みにすむ生物を鋭く観
察した姿というよりは、人間社会を反映した隠喩に
近かった。地球のかなりの部分を占める海中の世

界に人類が最小限の関心しか向けてこなかったの
は、主にその近寄りがたさのためである。天と惑星
のほうが海底よりも観察しやすく、しかも、はるか
に興味深いものだったのだ。

19世紀になると、西洋では水族館が建設された
ことで、海への関心が高まった。水族館は普段は
見ることのできない謎めいた世界を覗ける場であ
り、とりわけヴィクトリア朝時代の英国で熱狂的な
人気を博した[4]。水族館の誕生は、海の一般化モデ

『Journal des Voyages（航海日誌）』（1879～80年）に掲載された海の大蛇の版画。

1090年から1120年にかけて編纂された中世の百科事典『花の書（Liber Floridus）』に登場する海の怪物。

ルの誕生と言ってもよいだろう。カナダのイラスト　レーター、ブルース・マッコールが描いた《Lobs-terman's Special（ロブスターマンの特別メニュー）》では、人間たちが泳ぎ回る水槽のそばで、テーブルについたロブスターたちがディナーを注文している。水族館が暗に意味していることを巧みに表した絵である[5]。そして最も重要なことに、海は巨大な生け簀であり、人間の目的にかなうよう科学的に管理できるものと見なされる傾向がある。ヒトという1つの種が観察者および操縦者という地位を享受する一方、魚などの水生動物は従属的な地位に置かれている。その区別には、水族館の内側と外の世界の位相的な分離、そしてそれに関連する実務者と専門家との区別が、暗に含まれている。未来の世代のため道理にかなった世界を「構築」する必要性を訴えるとき、しばしば水族館のイメージが用いられてきた。マッコールは、人間とロブスターの立場を入れ替えることで、人間と自然を別々の領域に分断する暗黙の線引きへの注意を促しているようだ。

　ごく最近まで、西洋人は概して、海の生物資源は無限に供給されると考えていた。もちろん、そうした考え方は長くは通用しなかった。実際のところ、海とその資源、とりわけ漁業資源は、共有地、資源管理、環境容量の初期の理論化において重要な役割を果たした[6]。世界の主要な漁業資源の多くは、乱獲、地球高温化、汚染（石油、放射性物質を含んだ廃棄物、その他の人間活動の副産物による）に脅かされている。また、漁業は産業の一分野としての様相を強めている。たとえば、天然漁業との境界線は、海洋牧場と養殖の指数関数的な成長により、ますます曖昧になっている。

　1950年代には、農薬の使用をめぐる著書で知られるレイチェル・カーソンが、水温上昇が海洋生物にもたらす影響に警鐘を鳴らした。カーソンは著書『海辺　生命のふるさと』（上遠恵子訳、平凡社、2000年）の中で、次のように述べている。「海面そのものが決して一定したものではない。氷河の成長と退行、増え続ける堆積物の重さによる深い大洋の底の変化、また大陸沿岸の地殻の変動に応じて、海面は上下するのだ[7]」。

　海は地球高温化と温室効果ガス増加による深刻な影響を受け、CO_2排出量増加分のうち約25％を吸収している。海水温が上がると、吸収する炭素量が増えて海が酸性化し、生態系が崩壊する恐れがある。酸素がほとんど存在しない海の「デッドゾーン」は、多くの種、とりわけマグロなどの大型魚類に影響を及ぼす。これは陸上の生物にも深刻な結果をもたらす。というのも、陸上の生物は、海から生じる酸素に大きく依存しているからだ。こうしたプロセスは、世界各地の過去30年の推移を調べる詳細な長期的研究により、少しずつ理解され始めている[8]。

　そうした研究の成果は、先史時代の火山噴火と隕石（いんせき）衝突の根拠と共に、CO_2排出量と温暖化、降水量と気象、そして海の化学組成をめぐる未来のシナリオ予測に役立っている。「海洋酸性化」は史上最も速いペースで進み、きわめて多様な条件下で非常に長い時間をかけて共進化してきた種が大量絶滅の危機にさらされている。石灰化率の低下は、沿海部で起きている前例のない環境変化とあいまって、サンゴとサンゴ礁の形成をきわめて深刻な危機へと追い込んでいる。

　大西洋には、海流の巨大な「ベルトコンベア」が存在する。これは海水を横方向にも縦方向にも動かし、海洋生物、海の化学的構造、そして地球の天候パターンに大きな影響を与えている。こうした海流も、地球高温化の影響を免れているわけではない。この点でも、先史時代の出来事（火山灰と氷床コアの助けを借りて測定したもの）から得ら

117
崩壊寸前の海

れる教訓は多い。はるか昔と最近の傾向をめぐる数々の研究は、どうやら海のベルトコンベアが減速しているという警告を発している。海水温上昇の影響は必ずしも即座に現れるわけではなく、数世紀単位のタイムラグがあるものの、ハリケーンを激化させる可能性はある[9]。

セーシェル諸島のセントジョセフ環礁。海洋保護区を含む自然保護区。

崩壊寸前の海

太平洋中西部のフナフティ島は、最高地点でも海抜が約4.5mしかない。

温かい海面の流れ

冷たい海面下の流れ

北大西洋を含む海流の「ベルトコンベア」。

崩壊寸前の海

地球の最高点と最深点

エヴェレスト山
（チョモランマ）
地球の最高峰

☀ 位置
ヒマラヤ山脈のマハランガー山系
（中国およびネパール）

エヴェレスト山　デナリ山
（マッキンリー山）　アイオリス山
（シャープ山）　レーニア山

エヴェレスト山	デナリ山（マッキンリー山）	アイオリス山（シャープ山）	レーニア山
8.8km	6.2km	5.5km	4.4km

8,848 m
エヴェレスト山

初登頂
1953年5月29日
エドモンド・ヒラリーと
テンジン・ノルゲイ

5 km
4 km
3 km
2 km
1 km
0
1 km
2 km
3 km
4 km
5 km

マリアナ海溝
地球の海の最深部

10,911 m
マリアナ海溝

☀ 位置
西太平洋、
マリアナ諸島の東

潜水

1960年	1995年	2009年	2012年
トリエステ号（米国）	かいこう（日本）	ネーレウス（米国）	ディープシーチャレンジャー（米国）

1世紀間にわたり海洋の徹底的な探査が行われてきた一方、海底についての理解はまだ進んでいない。理由の1つは、深海のすさまじい水圧のせいでアクセスが困難なことだ。最近になるまで、探検家たちは、海底を目指す努力には意味がないと考えていた。生態系は光合成を基礎としているはずであり、海面から数千メートル下では生態系の構築は不可能だというのが従来の考え方だった[10]。この見方を覆したのが、1977年にガラパゴス諸島近くの海底で発見された熱水噴出孔だ。そこにはカニ、蠕虫（ぜんちゅう）、タコなどの生物が満ちあふれ、孔から噴き出す化学物質を基礎とする生態系が栄えていた。地球の海の最深部は、深さおよそ1万1000mのマリアナ海溝だが、そこにもすでにビニール袋が到達している。

現在は、数多くの企業がわれ先に、国際的な規制が敷かれる前に深海底のレアメタルや有価金属を採掘しようとしている。ナミビア、パプアニューギニアなどの沿岸海域ですでに計画または実施さ

れている深海採鉱は、デリケートな生態系を破壊すると懸念される。そうした生態系の多くは、ごく最小限しか記録もしくは理解されていない。深海の熱水噴出孔の周囲では奇妙な生物種が見つかっている。うろこのある足を持つ巻貝、ウロコフネタマガイ（学名：*Chrysomallon squamiferum*）である。1999年にインド洋で発見されたこの巻貝は、硫化鉄でできた奇妙な金属の鎧を何層もまとっている。

結局のところ、生物圏のあらゆるものは相互につながり合っていることを人が認めるのであれば、水族館は環境のメタファーという役割を果たし続けるかもしれない。そうした比喩を意味あるものにするためには、管理と境界に関するいくつかの前提を崩す必要がある。水族館メタファーをアップデートするときは、素人だけでなく気候科学者も、クジラや魚、微生物など地球の住民たちが泳ぐ水槽の中に入れるべきだろう。生物界と物質界のあらゆるレベルで人間の痕跡が刻まれた人新世では、そうした再検討がとりわけ重要になるはずだ。

上：うろこのある足を持つ巻貝、ウロコフネタマガイ（*Chrysomallon squamiferum*）。

右：1960年にオーギュスト・ピカールが設計した探査艇トリエステ号。マリアナ海溝（西太平洋のマリアナ諸島に由来）を探査するためにつくられた。

17

社会的不平等

　人新世は富、社会的地位、人種、ジェンダー、階級を問わず、すべての人に平等に影響を及ぼすのだろうか。この問いをめぐってはいくつか議論が交わされている。そのさいしばしば言及されるのが、絶大な影響力を持つインド人歴史学者・社会理論学者、ディペシュ・チャクラバルティの「救命ボート論」だ。シカゴ大学を拠点とするチャクラバルティは、2009年に次のように主張した。

　国際資本を通して屈折した気候変動が、資本というルールにより動く不平等のロジックを強めることは疑いようがない。一部の人は間違いなく、ほかの人を犠牲にして一時的に利益を得るだろう。だが、この危機全体を、資本主義の物語に還元することはできない。資本主義の危機とは異なり、ここには富める者や特権を持つ者のための救命ボートはなく……[1]

CO$_2$排出量の国別シェア

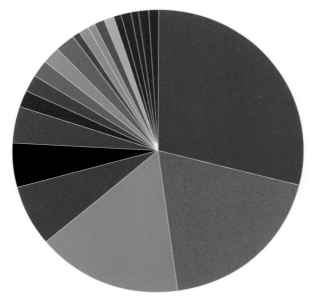

- 南北アメリカ
- アフリカ
- アジア
- オセアニア
- ヨーロッパ
- ユーラシア
- 中東

中国	29%	インドネシア	1%
それ以外の国	19%	メキシコ	1%
米国	16%	ブラジル	1%
インド	7%	南アフリカ共和国	1%
ロシア	5%	オーストラリア	1%
日本	4%	英国	1%
ドイツ	2%	トルコ	1%
韓国	2%	イタリア	1%
イラン	2%	ポーランド	1%
カナダ	2%	フランス	1%
サウジアラビア	2%		

ガラパゴス諸島屈指のリゾート、バルトロメ島。

　チャクラバルティは不平等の存在を認めつつも、壊れた地球から離れられる者は誰もいないという単純な事実を強調している。その意味で、地球は「私たち」を平等に扱っている。私たちは地球を離れられないのだから、救命ボートに価値はないというわけだ。この救命ボート論の欠陥を指摘したのが、スウェーデンの人類生態学者アンドレアス・マルムとアフル・ホアンボーだ。彼らに言わせれば、この論法は、ハリケーン・カトリーナなど最近の災害が人間社会に与えた影響を見落としている。実際、こうした災害から一部の集団が非常に打撃を受けやすい一方、特権集団は守られているという現実がある。「予見できる未来には──もっと言うなら、地球に人間社会が存在する限りは、富める者や特権を持つ者のための救命ボートは存在するだろう。気候変動が一種の黙示録であるとしたら、それは

普遍的なものではなく、不均等かつ複合的なものだ[2]」。チャクラバルティも、のちの著作において、人類の破壊的なエコロジカル・フットプリント（人間の活動が地球環境に与える負荷を示す指標）がホームレス、環境移民、難民の市民権や国家の否定を引き起こす点を強調している[3]。

　おそらくマルムとホアンボーは議論を進める便宜上、チャクラバルティとの立ち位置の違いを誇張していたのだろう。その一方で、「社会」に関する、より広範な見解もいくつか述べている。たとえば、社会生活における人新世の影響は多面的であり、この問題を、地球高温化の主要議論を主導しがちな地球科学者だけに任せていてはいけない、なぜなら彼らは社会問題の機微を感知するよう訓練されていないからだと主張している。また、人類と地球の運命はいっそう深く絡まり合い、いわば「地

モザンビークのペンバ。2019年にサイクロン・ケネスで起きた洪水の直後、被災地にたたずむ2人の若者。

社会的不平等

球社会」のようになっているものの、観察者は社会的な事柄と地質学的な事柄をある程度区別しておく必要があるかもしれない、とも述べている。実際、ここ数十年で、多くの社会学者や人文系学者が、重要課題のいくつかに取り組んできた[4]。

　2019年現在、最大の温室効果ガス排出国は中国と米国で、この2国が地球全体の排出量のほぼ半分を占めている。国ごとに責任の大きさが異なるだけでなく、個人のカーボンフットプリントに占める割合も人によって偏りがある。2020年1月、『ガーディアン』紙は「プライベートジェットで世界を一周する『温室効果ガス排出を惜しまない』休日」について報じた[5]。その計画によれば、富裕層のエリート50人が、私的にチャーターしたボーイング757に搭乗し、10回のフライト、五つ星のホテルまたはロッジ、世界最高級の有名レストラン、シャンパンが用意された23泊の旅を満喫するという。贅沢な救命ボートではあるが、この先も長く運航することはなさそうだ。訪問できる場所はますます少なくなっており、いずれほんの一瞬しかボートを離れられなくなるだろう。富の格差は、人新世のきわめて大きな問題である。過剰な富は環境への甚大な影響をもたらす傾向があり、時にエコサイド（自然界の破壊）にもつながる。そして、人々が直面している現実を見えなくさせる。過剰な富の副産物と言えるのが、「気候変動懐疑派」への資金流入と炭素税に対する反対だ。議論の余地はあるものの、世界は個人所得の上限や貧困ラインを設け、エコサイドを犯罪として罰することのできる法的枠組みをつくる必要があるだろう。

　興味深いことに、「富（ウェルス）」という語は、もともと（中世英語で）「ウェルビーイング」や「ウェルネス」を意味し、幸福や健康と密接に結びついていた[6]。過剰な富の環境フットプリントを考えれば、「富」の意味は今や著しく変化し、「環境面

被災地の女性と子ども。

での不平等」や他者の苦難と窮乏をも含んでいる
ように思える。地球の高温記録が更新され続ける
なか、国連は2019年、いずれ「気候アパルトヘイト」
が生じ、最も被害を受けやすい者と逃げる余裕の
ある者が分断されると警告した。この分断は数百
万から数億の人々を貧困に追いやり、人権、生活
水準、民主主義に甚大な影響を及ぼすだろう[7]。多
くの人が破壊的な洪水にのまれ、また別の地域の
人々は異常な暑さで命を落とすことになる。

　フェミニストの学者たちは、人新世をめぐる議論
の男性優位主義的バイアスを批判し、気候変動の
影響が女性にばかり及ぶ点を問題視している。「ア
ントロポセン」ならぬ「マントロポセン（Manthro-
pocene）」という用語もあるほどだ[8]。貧困層の中で
も特に女性は弾圧や災害の被害を受けやすく、貧
困、栄養不良、汚染の残酷なサイクルの犠牲にな
りやすい。多くの女性を襲うそうした暴力は無視さ
れがちで、医療の関心がほぼ妊婦の腹部と胎児だ
けにしか向けられないことも多い[9]。

　言語やアクセントが成長と共に刷り込まれるの
と同じように、社会的・文化的格差は現世代の生
活に刷り込まれ、人間の体に刻みつけられる。し
ばしば指摘されているとおり、ジェンダー、人種、
社会階級は社会現象でもあり、生物学的現象でも

1944〜45年の飢饉のさなか、スープを飲むオランダの子どもたち。

あり、肉体化されて次世代へと再生産されていく。肉体が、遺伝子とは関係なく、このような「生物社会」的メモリ（記憶装置）のようなものを持っているとしたら、健康、貧困、虐待、トラウマがそこに記憶されることだろう。エピジェネティクスという急成長中の研究分野では、染色体の分子レベルでの継世代遺伝が探られている。

　胎児環境の影響に関しては、1944〜45年の「オランダ飢餓の冬」が妊婦に与えた影響をその後の2世代にわたり追跡した研究が最もよく知られている。オランダでは、第二次世界大戦時のドイツ軍による食糧封鎖の結果、3万人が餓死した。それ以

降に集められた出生記録では、飢饉の間に妊娠していた女性が産んだ子どもは、出生時の低体重だけでなく、その後の人生においても、糖尿病、冠動脈性心疾患、乳がんをはじめとする各種のがんなど、幅広い疾病を患うケースがほかと比べて著しく多かった[10]。エピジェネティクスはまだ異論の多い分野だが、飢餓の冬や同様の研究で得られた証拠により継世代遺伝が証明されれば、現在進行中の人新世が未来の世代に、とりわけ汚染と貧困の打撃を最も受ける地域や世帯に及ぼす、途方もなく大きな影響を推測できるようになるはずだ。

18

北の人新世と
南の人新世

　ここまで見てきたように、人新世は人類史の重大な局面で環境変化に関する対話を生み出したという点において、きわめて生産的だった。だが、社会科学者や人道主義者の多くは、人新世という語を無条件で使うことに異議を唱える。現在の環境危機は全人類の活動の結果ではなく、特定の時期、特定の人々の活動がもたらしたものだと、彼らは指摘する[1]。まさに、そのとおりだ。環境をめぐる文献（本書を含む）には、「私たちは地球を根本から変えた」とか「私たちの痕跡はあらゆるところに見られる（だろう）」という記述がたびたび登場するが、「私たち」とは誰を指すのだろう？　そんな問いが浮かぶのは当然だ。

　実際のところ、私たちの間に横たわる根本的な格差、とりわけ社会的不平等、地域、人種、ジェンダーによる格差に注意を向けることは重要だ。現在の危機は、人類のある特定の層と特定の経済体制——産業資本主義の産物である。現在の世を人新世ではなく「資本新世（キャピタロセン、Capitalocene）」と呼ぶべきだという声もあるが、その名もやはり一様な資本主義を暗に示し、世界中の貧しい田舎の共同体で営まれている小規模な生産活動を除外しているわけではない[2]。別の用語（「クトゥルセン」のように、まったく支持を得られそう

にない言葉もある）に目を向けるより、関与と責任の歴史や、さまざまなスケールにおける人間の共同体の分断を掘り下げるほうが生産的ではないだろうか。

　英国の人類学者クリス・ハンが主張しているように、重要なのは、「地球が現在の状況に至った経緯に関する、真に長期持続的な説明により[3]」、日々の暮らしに関する現在の人類学的説明を補足することだ。何世紀にもわたる地域、人種、文化の相違や対立を踏まえて、さまざまな道筋をたどりながら、さまざまな人新世を幅広く語ることには意味がある。たとえばヨーロッパでは、産業化により社会は強制的に区分され、工場や拡大する都市部で安定した労働力を確保するため、小作農は土地から追い立てられた。小作農やその子孫が、人新世の問題に対して19世紀の貴族や工場主と同じ責任を問われるのは理不尽だろう。さらに重要なのは、人新世の産業革命の駆動力となった化石燃料の抽出と温室効果ガス増加に加担したのは、新世界を自らの支配下に置き、アフリカから何百万という人を奴隷としてアメリカ大陸の大規模農園に送ったヨーロッパの植民地主義者たちだということだ。現在の危機について、かつて発展途上国や第三世界と呼ばれていた旧植民地（現在は時にグローバル・

ソマリア難民の母子。ケニア・ダダーブの広大な難民施設の中にあるハガデラ難民キャンプにて、2011年。

北の人新世と南の人新世

ナイジェリア、ラゴスのごみの山。

北の人新世と南の人新世

サウスと呼ばれる）と、いわゆる先進国や旧宗主国の第一世界、あるいは第二世界（冷戦時代の鉄のカーテンの「向こう」にいた東側諸国）では、責任の度合いが違う[4]。アフリカで農業、狩猟、採集を組み合わせた生活を営む人が、気候変動に関して、石油掘削会社の米国人CEO（最高経営責任者）と同じ責任を問われるいわれはない。

　人新世のルーツが植民地主義だとすると、最もわかりやすい地理的区分は、「北半球の人新世と南半球の人新世」という分け方だろう。後者にはアフリカ、アジア、ラテンアメリカが含まれ、それぞれに独自の歴史と特徴がある。米国の人類学者ガブリエル・ヘクトは、人新世の実感は場所によって異なるはずだと強調し、アフリカにおける人新世の様相を探っている。「ヨーロッパではなくアフリカで分析の冒険を始めたら、どのような人新世の絵が……現れるのか？[5]」と、ヘクトは問う。アフリカの鉱物資源は、産業化と核兵器開発の原動力となり、数千年にわたり地質学的記録に明確な痕跡を残している。南アフリカの労働者はウランを含む岩石を地表へ運び、その過程で多くの人が命を落とした。「当時はまだ、この用語は存在していなかったが」とヘクトは指摘する。「にもかかわらず、人新世は、何世代にもわたる若いアフリカの男性たちの肺にその痕跡を刻みつけた」

　アパルトヘイト政策をとっていた南アフリカ共和国の政府がウラン加工工場の操業を開始した1952年、人新世の文献ではあまり大々的に扱われない環境災害が動き出した[6]。それまで岩の中に閉じ込められていたヒ素、水銀、鉛などの重金属が解き放たれたのだ。重金属が溶けた水は毒のスープとなり、その水を飲用や入浴に使う多数の人の健康に影響を与え続ける。それが、南アフリカの貧困

pp.132～133：ナイジェリア、ラゴスのごみの「湖」。

北の人新世と南の人新世

層から見た人新世の姿だ。

　人新世が人体に及ぼす影響には、ジェンダーや社会階級による差だけでなく、南と北での明確な違いもある。アフリカの例として、ヘクトが挙げているのが、大気汚染だ[7]。厳しい排出規制のためヨーロッパでお払い箱となったディーゼル車は、ラゴスやアクラといったアフリカの都市で再利用されている。「ダーティなディーゼル」の排煙が漂うラゴスの上空は、ロンドンの13倍の粒子状物質を含み、住民の健康と寿命に明らかな悪影響を与えている。ヘクトは「アフリカから、そしてアフリカと共に考える」よう呼びかけている。「『彼ら』は『私たち』であり、彼らがいない『私たちの』惑星など存在しない」

　アフリカの政治学者アブディラシド・ディリエ・

カルモイも、アフリカの人新世について同じような見解を示している。カルモイによれば、アフリカは豊かな天然資源と文化的伝統に恵まれているが、「人新世の震源地であり、風景の殺りくと破壊と略奪が……常態化している[8]」という。現代版の植民地化が続く一方、地球規模の環境会議では「被害甚大なアフリカの人新世に対する無関心と無気力」が常に見られると、カルモイは指摘する。それが本当なら、おそらくは、雄々しい白人男性が中心になりがちな地球科学関連機関の人種問題に対する鈍さが、そこに反映されているのではないか。有力な地球科学機関（ニューヨーク、コロンビア大学のラモント・ドハティ地球観測研究所）で学務担当副所長を務めるクヘリ・ダットは、この問題について、次のようにまとめている。「ダイバーシテ

グルートブレイ、スネークパーク。ヨハネスブルグ（南アフリカ）のソウェトにある最大規模の鉱山廃棄物処理場の縁に位置する郊外。

北の人新世と南の人新世

太平洋のクレ環礁沖で漁具に絡まるハワイモンクアザラシ。絶滅危惧種に指定されたアザラシだ。

第6の大量絶滅

に起こり得ることだ。1758年、カール・フォン・リンネは壮大な分類体系の中で、ホモ・サピエンスに1つの場所を与えた。その少しあと、フランスの哲学者ドゥニ・ディドロは、ホモ・サピエンスはいずれ絶滅するかもしれないが、この種はどこかの時点で再び出現するだろうと主張した[4]。オオウ

ミガラスの消滅と同時期にあたる1836年には、イタリアの著述家ジャコモ・レオパルディが、人類がいなくなっても「地球が失うものは何もないだろう」と述べた。人類絶滅の可能性は、ますます議論にのぼるようになっている。誰かが寂しく思ってくれるだろうか。私たちがみな姿を消し、生命の歴史

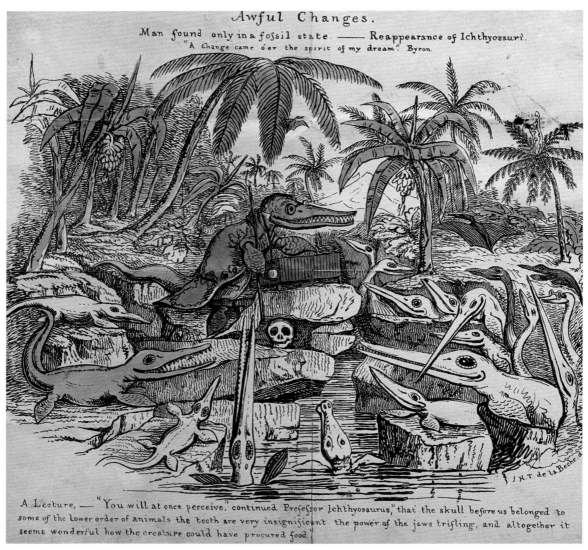

Awful Changes.
Man found only in a fossil state. —— Reappearance of Ichthyosauri.
"A change came o'er the spirit of my dream". Byron.

A Lecture, —— "You will at once perceive", continued Professor Ichthyosaurus", that the skull before us belonged to some of the lower order of animals the teeth are very insignificant the power of the jaws trifling, and altogether it seems wonderful how the creature could have procured food".

英国の地質学者ヘンリー・デ・ラ・ビーチが描いた《Awful Changes（おそるべき変化）》（1830年）。「人間は化石の状態でしか見つからない。魚竜の再来」という副題がついている。

第6の大量絶滅

を語り継ぐ者がいなくなるのなら、人類の絶滅に何の意味があるだろう。層序委員会が正式に停止されることはないかもしれないが、私たちがつけた傷跡がついに地層に現れ、人新世の現実がおおやけに告げられたとき、その傷跡を記録する地質学者はもうどこにもいないだろう。

1830年、戯画作家で挿画家、そして地質学者でもあるヘンリー・デ・ラ・ビーチは、歴史は繰り返すという概念をジョークのネタにして、種の再出現と人類の終焉（しゅうえん）を描いた。ある戯画では、ホモ・サピエンスが化石となって地面に散らばり、魚竜が自由に歩き回っている。人類滅亡の可能性は、悲劇なのか、それとも天の恵みなのか。人類の最後の1人「エンドリング」になるという栄誉は、誰が授かるのか。そうした疑問や懸念は、もはやSFとは言えない。近い未来、ますます切迫した脅威となることは疑いようがない[5]。

今となっては、絶滅という概念から見直さないわけにはいかないだろう。絶滅は、最後の生物の死によって告げられる単一の事象ではなく、長い歴史と一連の重大な結果を伴うプロセスなのだ。オオウミガラスの絶滅は、1844年6月3日にアイスランドで起きた出来事ではなく、実際には17世紀に、ニューファンドランドのファンク島での大虐殺から始まっていたのだ。絶滅を防ぐためのあらゆる試みでは、絶滅の始まりとその後の余波に、そして関連性、状況、潜在的な転換点に注目する必要がある。種は、ただ1つの出来事によって出現するわけではない。個体と集団の結びつきや相互の関心、そして生息環境で得られるすみかや栄養を通じて、世代が変わるたび新しくなっていくものなのだ[6]。

現在では、種の最後の個体が姿を消すずっと前に、実質的に絶滅しているケースもあると理解されている。絶滅待ちリストに名を連ねた多くの種が一

米国生物多様性センターが提供する「絶滅の危機に瀕した種のためのコンドーム」。

2019年4月22日、赤い衣装をまとい、ロンドン自然史博物館メインホールでの集団ダイ・イン（死者のように横たわる抗議活動）
に参加する「エクスティンクション・レベリオン（絶滅への反逆）」の活動家。

第6の大量絶滅

地球高温化をめぐる議論でも、似たような現象が起きているのだろうか。最近の推計によれば、世界最大規模の石油・ガス会社は、年間2億ドル前後をロビー活動に費やしている[4]。2019年と2020年には、大惨事となったオーストラリアの火災により、衝撃的な教訓が突きつけられた。この火災では、数十人が犠牲になり、数千に上る住宅が焼け落ち、5億匹を超える動物が焼死し、多くの種が絶滅の縁に追いやられ、オーストリアの国土に匹敵する土地が荒廃した。スコット・モリソン首相を筆頭に、オーストラリア当局は地球高温化と人間の責任を否定し続け、火災を単発的な出来事として扱っていた。煙がシドニーまで降りてきて、呼吸を通じて直接的に災害を体験したことも、その否定論を覆すに足るものではなかった[5]。モリソン首相は、最悪規模の火災が猛威を振るい始めたさなかの2019年12月中旬、国民に情報提供をすることもなく、ハワイへの休暇旅行に出かけていた。多くの人は、それをこの災害を象徴する出来事ととらえた。ニュース・コープなどオーストラリアのメディアは、火災は放火犯のせいだと報じ、問題を混同させ続けた[6]。これほどの状況で、より広い意味での気候変動とそれを生んだ経緯をめぐる認識を握りつぶすためには、極端な戦略的否定が必要になるということだ。

オーストラリアの森林専門家トム・グリフィスは、少なくとも1851年以降、甚大な被害をもたらした火災がオーストラリアの低木地帯に住む人々の「記憶に焼きつけられてきた」一方で、近年の火災は規模と激しさが桁外れである点を指摘している。過去数十年間、オーストラリアの人々は毎年の「ブッシュファイア（野火）」と数十年ごとに起きる「ファイアストーム（火災旋風）」を区別し、2009年の「ブラックサタデー・ファイアストーム」といった火災の名を暦に刻んできた。1950年代以降、世界の気象学界がハリケーンに名前をつけるようになったのと同じ流儀だ。今や、そうした火災をめぐる新語が増え、ボキャブラリーが拡大しつつある。その一例が、複数の野火が合流した巨大な火災を表す「メガファイア」である。グリフィスの言葉を借りれば、「個々の『憂鬱な日』が融合して、1つの『容赦ない夏』になる」というわけだ[7]。遊動民族のイヌイットが、北極の環境に適応するため、数千年にわたり「雪」を表現するための複雑な言葉を編み出したのと同じように、オーストラリアの人々は今、近年の火災の規模と性質をとらえたニュアンスのある、きめ細やかな人新世的専門用語を必要としているのだ。

オーストラリアの視点から見れば、「火の時代」はこの新世にぴったりの呼び名だろう。ここで留意すべきは、この火災危機の中で、先住民が非先住民とはまったく別の経験をしていることだ[8]。先住民にとって、人新世初期の様式での開拓植民地主義は、今も続いている実体験だ。盗用され、不当に扱われ、放置されてきた祖先伝来の土地との強い一体感は、彼らの悲しみをいっそう深くしている。

オーストラリア政府の否定的態度は、不可解に見えるかもしれない。だが、それは国の政治と経済的利益（とりわけ化石燃料に関するもの）に深く根ざしたものだ。甚大な被害をもたらしたブラックサタデー・ファイアストームからわずか5年後の2014年、オーストラリア政府は「世論センター」設立の資金として、ウェスタンオーストラリア大学に400万オーストラリアドルを提供した。センター長に任命されたのは、各国でベストセラーとなった『環境危機をあおってはいけない 地球環境のホントの実態』（山形浩生訳、文藝春秋、2003年）で学究的な否定論者として名を馳せたデンマークの経

pp.150〜151：2019年、オーストラリアのビルピン郊外で起きた野火。

遠近法以前。ジョット・ディ・ボンドーネの《死せるキリストへの哀悼》。

遠近法の到来。サンドロ・ボッティチェッリの《モーセの試練》。

大地と人間の一体性

三次元の宇宙となったのである。美術批評家エルヴィン・パノフスキーの言葉を借りれば、このアントロポクラシー（「人」を意味するanthropと「支配」を意味するcracyを結合した語）は、急進的な新機軸を体現するものだった[2]。人間は今や、想像の中で自らを世界から切り離し、遠くから世界を眺められるようになったのだ。これは人新世の先駆けと言えよう。遠近法は、現代科学へとつながる道を敷く強力かつ生産的な革新だった。だが、代償を伴うものでもあった。

それにもかかわらず、土地との一体性という概念は生き延びた。人類学をめぐる20世紀の記述の多くは、土地と人との一体性とその生命力に対する関心をありありと示している。ある記述では、コロンビアの田舎における「暮らしの経済」が描写されている。そこでは、人間の体が土地にしっかり食い込み、土地が自らの延長部分であるかのように、人々が「その基盤に気を配り」、現代の環境用語を使えば「持続可能性を確保」するためにフォルツァ（「力」または「強さ」の意）を維持していると説明されている[3]。つまり、コロンビアの農民

たちにとって、社会的関係と自然や大地との関係はしっかり結びついているということだ。

実体のある地球と人間の社会生活を切り離す考え方は、ここ数十年でますます疑問視されている。とりわけ、人新世（というより、地球に対する人間の影響と依存の認識）は、社会と地質学の再編を求めるきっかけになった。人文科学や社会科学では、「社会」という語は、人間同士の関係を示す省略表現として、長らく疑問の余地なく機能してきた。現在では、社会の概念を人間以外の種、つまり動物と植物のみならず、岩石や山を含む物質にまで広げて考える人も増えてきている。

多くの人にとって、地質学的な事物や形態は、一般的な意味での「社会生活」には関与していないように思えるだろう。そこには内なる生活はないし、競争も代謝も生殖もせず、反応もしないように見える。だが、さまざまな分野の学者たちが、物質の次元を真剣にとらえ、地球と人間の関係を考えるための新しい用語を次々に提案している。たとえば、人間と地質学の融合を強調する人新世の地質学的議論でも見られるように、地球科学者

アイスランド、ヴェストマン諸島のエルトフェットル火山。

大地と人間の一体性

奇妙な岩石を展示する秩父珍石館（埼玉県秩父市）。

は物質界の社会化の可能性を受け入れるようになってきた。一部の人文学者、社会学者、アーティストも、地質学とは逆の方向、つまり社会を物質化するという観点から、それぞれの分野における急激な路線転換を口にしている。

その一例が、「地質学的親密さ」という概念だ。ここでは、人間が物質の性質に愛着を感じる傾向が注目されている[4]。この語を使い始めたのは、米国人アーティストのイラナ・ハルペリンだ。ハルペリンは2003年、自身とエルトフェットル火山の生誕30周年パーティを企画し、万人に向けて招待状を公開した。アイスランドのヴェストマン諸島（ヴェストマンナエイヤル）にあるエルトフェットルは、1973年に隆起して海上にできたばかりの火山だ。「この招待は真面目なものなのだろうかと、あなたは考えるかもしれません。答えは、間違いなくイエスです。よく考えてみてください、なにしろ、自分と陸のかたまりが（ほぼ）同時に30歳になるのです！　あなたに幸あれ。クレーターでお会いしましょう！」

当日は風が強く、山の上でキャンドルの火を灯し続けるのには苦労したが、バースデーケーキはおいしかったようだ。数カ月後、この誕生祝いでの出来事はハルペリンのアート作品に描かれ、地球との親密さをテーマにした作品群が広く展示された。この叙情的な作品群は、地球がなくてはならない仲間であることを、そして地球とのつながりや生命の偶然性を、見る者に思い起こさせる。

物質界と「社交」しているもう1人の人物が、米国の政治学者ジェーン・ベネットだ。ベネットは、「人間のかたわらや内部に走る活気ある物質性を明確にし、私たちが物体の力をもっと考慮したら、政治的な出来事の分析が変化するのか、その可能性を見極め」ようとしている[5]。何と言っても、人間は地球と同じ元素（水素、炭素、硫黄など）でできており、それらがなければ生き続けることはできない。時にはその存在に否応なく気づかされることもある（岩石と人体が融合した胆石を思い浮かべてほしい）。ロシアの化学者ウラジーミル・I・ヴェルナツキーは次のように表現した。「地殻の物質は、動き回る無数の生物の中に詰め込まれ、その生物の繁殖と成長が地球規模で物質を蓄積し、分解す

る……われわれは、歩き、話をする鉱物なのだ[6]」

　地球社会という概念は、そうした考え方を要約しようと試みるものであり、ほぼすべての分野の学問と芸術にはっきり表れている[7]。人新世における極端な気象や氷河の後退といった展開を踏まえ、人間と地球との関わり方の変化を探ることが、研究においても芸術においても、現代の議題のとりわけ重要なテーマになっている。私たちは人間や動物界と関わるように、岩石や山、川や氷河と関係を築き、自分を重ね合わせることができるだろうか。実を言えば、私たちはしばしばそうしているのである。ある意味では、大地に属するという中世の、さらにはもっと古い概念をなぞっているのだ。

　2017年、ニュージーランドは北島にそびえる聖なる山、タラナキ山に人間と同じ法的権利を与えた。これはマオリ族の求めに応じたもので、彼らの土地とアイデンティティを尊重し、条約や約束を破ったことを謝罪し、広がりつつある観光の悪影響から保護するための措置だった。1775年に最後の噴火を起こしたタラナキ山は、姿の美しい火山だ。マオリ族にとって、この山は近しい親戚であり、一族の一員でもある。

　地球社会という概念は、いわば肉体や地誌と地球との絡み合いであり、さまざまな場所のさまざまな文化や民族に、さまざまな形で地質学が関わっている事実に注意を向けるよう求めるものだ。埼玉県の秩父珍石館は際立つ一例である。この博物館には人間の顔に似た岩石が900点展示されている[8]。

　地質学的親密さと地球社会は、取るに足らないもの、奇抜なもの、あるいは単なる過去の遺物と片づけるべきではない。むしろ、希望の光として高く掲げるべきだ。もっと多くの科学者が自然と親密な関係を築こうとしていたなら、気候危機の脅威はこれほど深刻化していただろうか？

ニュージーランドのタラナキ山。

大地と人間の一体性

159

大地と人間の一体性

22

溶岩を固める試み

19世紀の米国の環境保護論者ジョージ・パーキンス・マーシュが、次のように述べている。「物理学者は誰1人として、人間が火山噴火を防いだり、地球の奥深くから流れ出る溶岩の量を減らしたりすることができるとは思っていなかった[1]」。マーシュは溶岩流の進路を変えようとした試みの例を挙げている。いくつかの例は17世紀にまでさかのぼるが、その範囲は限定的だった。当時はまだ、人新世の概念は生まれていなかった。だが、溶岩を固めようとする試みは、人間が地球そのものに与え

ヴェストマン諸島の噴火をとらえた初期の写真の1枚。

る大規模な影響を実証するテストケースになるのではないだろうか。その驚くべきチャンスは1973年、アイスランドのヴェストマン諸島でめぐってきた。この出来事は、火山噴火のさなかで人間の痕跡を岩石に刻む試みの成功例となった。溶岩流に直面した人間の「無力さ」というマーシュの概念に異を唱える事例として、傑出したケースだと言えるだろう[2]。

アイスランド本土の南に連なるヴェストマン諸島の主な集落には、1973年初頭の時点で約5000人が暮らしていた。豊かな漁場に近いこの島はアイスランド屈指の漁業拠点であり、天然の港が安全な係留所を提供していた。1月23日、町の郊外でエルトフェットル火山が噴火した。真夜中に突然、轟音と共に地面が裂け、火山からあふれ出た赤々と輝く溶岩が空へ噴き上がり、やがて港へ向かって流れ始めた。

深夜2時近く、不意に始まった噴火に島の人たちはびっくりしたが、目覚めてからの行動は迅速だった。数時間後には、住民の大部分が荒波を越えて本土の最寄りの港へと避難していた。次なる課題は、豪雨のごとく降り注ぐ火山灰で家屋が倒壊するのを防ぐこと、そして何よりも港の崩壊を避けるため溶岩流の方向を変えることだった。

そんななか、少しばかり変わり者の物理学教授ソービョルン・シーグルゲイルソンが、溶岩を冷やすというアイデアを思いついた。溶岩の流れを減速もしくは停止させるため、とりあえずは地元消防隊の消防車を使って、前進する溶岩の最前線に

pp.162〜163：ヴェストマン諸島噴火時に撮影された4枚の経時的写真。

1973年の噴火で脅威にさらされるヴェストマン諸島の漁港と住宅群。

ポンプで水をかけてみてはどうか。シーグルゲイルソンはそう提案した。アイスランド人の大半は、ばかげた提案と受け止めた。流れる溶岩の端に「小便をかける」ぐらいで、母なる自然の力をなだめられるわけがない。それが大方の意見だった。

その後の数週間、時に「溶岩との戦い」とも呼ばれる複雑な作戦が展開された。最初の冷却の試みには多少の効果があったようだが、シーグルゲイルソンを含む多くの人は、もっと大きな効果を得るにはポンプの力が足りないと考えた。火口で一

連の噴火が起きたあと、巨大な溶岩流は北の港と西の町に向かい、多くの家屋が焼失または倒壊していた。シーグルゲイルソンは当局をどうにか説得し、前例なき規模で溶岩に水をかけるべく、さらに効果的な揚水作戦を手配した。まさに時間との戦いだった。米国当局との合意により、およそ40台の巨大ポンプが急きょヴェストマン諸島へ派遣された。

揚水計画のまとめ役として機械工学教授のヴァルディマル・K・ヨーンソンが起用された一方、シ

ーグルゲイルソンは溶岩の動きに応じて1日単位の戦略を立てることにした。散水すれば先端の溶岩が固まるのは間違いなかったが、溶岩流の圧力により、冷えてできたばかりの壁がたびたび破られそうになっていた。その後さらに進んだ作戦では、揚水班が溶岩の上にパイプを敷設して火口そのものに接近し、ブルドーザーとクレーンの助けを借りながら、水が溶岩のほうへ流れるように仕向けた。前線の作業員にとっては危険の伴う作戦である。長靴が焼けたり、溶岩に包囲されたりする恐れが

あるからだ。パイプ（最初は鋼鉄とアルミニウム製、のちにプラスチック製）の設計、配置、敷設は、土木工学的な離れ業だった。数週間にわたって集中的に水を汲み上げ、パイプと人を絶えず前後に動かしたすえ、溶岩流は東に向きを変え、港を反れて海に向かい始めた。米国地質調査所によれば、噴火の進行中に溶岩流を制御する試みとしては史上最大の作戦だったという。最終的に、噴火は沈静化した。1973年7月3日、シーグルゲイルソンらが火口に降りて噴火の終息を宣言すると、歓喜の

町の縁まで迫り来る溶岩を冷却する作業。

溶岩を固める試み

噴火の洗礼を受けたヴェストマン諸島の町の東側。

声が上がった。そしてヴェストマン諸島の住民は自宅に戻ることができた。

　かくして、膨大な量の海水を汲み上げて溶岩流の標的エリアに散水することにより、溶岩の流れが大幅に減速して凝固し、重要な漁港と数多くの家屋は破壊を免れた。ヴェストマン諸島の出来事を記録した著述家のジョン・マクフィーによれば、汲み上げられた水の量は「30分間、ナイアガラの滝をこの島に流した量[3]」に匹敵するという。ほかの活動、とりわけ採鉱やトンネル掘削でも、人間は岩石を凝固させるべく労力を払っているが、エルトフェットル火山の例にはそれらとは大きく異なる意味がある。溶岩を人為的に冷却することで、形成

途中の岩石に人間の影響が刻まれ、歴史の新たな章を書き記したのだ。その結果は、水により凝固した岩石という奇妙な形をとっていた。「溶岩流の自然なパターンの中で、まったくもって異質なものである。きわめて確かな意味において、それは人工物なのだ」とマクフィーは述べている。「人間の関与が些細と言えるレベルを超えたこの新しい風景の進化を、純粋に天然と呼ぶことはできないだろう。この出来事は、神の単純な御業としての地位を失ったのだ[4]」

　現在、ヴェストマン諸島はエルトフェットルの噴火をさまざまな形で記念している。それには、近年のトラウマに向き合うための手段という側面もあ

ヴェストマン諸島にあるエルトフェットル火山の火口の底で、噴火の終結が宣言された。
右端の人物が冷却作戦を発案した物理学者ソービョルン・シーグルゲイルソン。

る。毎年7月には、噴火の「終結」をみなで祝うイ
ベント（ゴスロク）が催されている。最近では、噴
火当時の画像、写真、映像を展示するエルトヘイ
マル（「火の世界」の意）という博物館が設立された。
灰のせいで半壊した家を中心に建てられ、時に「北
のポンペイ」とも呼ばれるこの博物館は、そこに住
んでいた一家が不意の災害に何の準備もなく避難
し、あらゆるものを日常そのままの姿で残していっ
たことをありありと伝えている。

　途方もないパワーを持つ火山は、普通なら人間
やそのほかの生き物の影響を寄せつけない存在だ。
ヴェストマン諸島で展開した物語の主役は、言う
までもなく火山である。火山は赤々と燃えるマグマ
を地球の奥深くから地表へと運び、四方八方へ広
げた。だが、この物語には共演者も存在している。
大きな役割を果たしたのは、港に、そして煮えた
ぎりながら動く溶岩の上に配されたポンプとパイプ
の水圧システムだ。ディーゼル油と、やはり地質
学的物質である石油を燃料とした精巧な組み立て
品である。溶岩を冷やし、港を守り、コミュニティ
ーを救う過程で、ポンプはほかの活動も後押しし
た。たとえば、共同作業の編成や、物語の創出だ。
そうした物語にはしばしば、火と大地に、そして火
山活動と人間との関わりにまつわる皮肉とユーモア
が少なからず散りばめられている。

希望はあるのか？

Is There
Hope? 希望はあるのか？

23

失われたチャンス

　傷ついた地球と起こり得る環境危機に関して蓄積された証拠すべてに留意すれば、次にとるべきステップはおのずとわかるはずだ。ところが、実際はそうなっていない。一因は、科学に対する不信にある。いったい何があったのだろうか。科学不信の空気が醸成されるきっかけとしては、2つの歴史的事例が挙げられる。1つは、楽観主義に根拠を与えたオゾン層をめぐる成功譚（せいこうたん）。もう1つは、否定論と不信の種を植えつけることになった悲しい事件、いわゆる「クライメートゲート事件」だ。地球規模の環境危機は、人間の認知と対話に前例のない難題を突きつけてくる。そうした難題のいくつかは、直接的な知覚の限界と、そこから必然的に生じる仮想表現への依存に関係している。米国の環境歴史学者ウィリアム・クロノンは、1996年にこう述べていた。

　　……われわれが直面していると思われる、ひときわ劇的な環境上の問題のいくつかは……主に自然システムの複雑なコンピューターモデルでシミュレーションされた表現として存在している。たとえば、南極上空のオゾンホールに関するわれわれの認識は、大量のデータを処理し、われわれ自身がじかには決して目撃できない大気現象のマップを作成する機械の機能に大きく依存している。オゾンホールを見たことがある者は誰もいない。問題がどれほどリアルであっても、それに関するわれわれの知識はバーチャルにならざるを得ないのだ[1]。

　オゾンホールはもはや衆目の的ではないが、1970〜80年代には環境論議の最重要テーマとして世界的なセンセーションを巻き起こしていた。

　オゾン層（オゾンシールドとも呼ばれる）は、地球大気の2番目の主要層である成層圏の一領域だ。高濃度のオゾン（O_3）を含むこの層は、太陽からの有害な紫外線の大部分を吸収してくれる。オゾン層がなくなれば、地球上ではがんによる死亡や農作物の不作が深刻化するだろう。オゾンは1893年、ドイツの化学者クリスチアン・フリードリヒ・シェーンバインにより発見された。水の電解実験中、いやなにおいがすることに気づいたシェーンバインは、この実験で生じた未知の物質を、「におい」を意味するドイツ語「オゼイン」にちなんで「オゾン」と名づけた。1913年にはフランスの物理学者シャルル・ファブリが、エヴェレスト山2つ分の高度に位置するオゾン層を発見した。以来、数十年にわたり、地球を守るこの層は人間の影響を超越

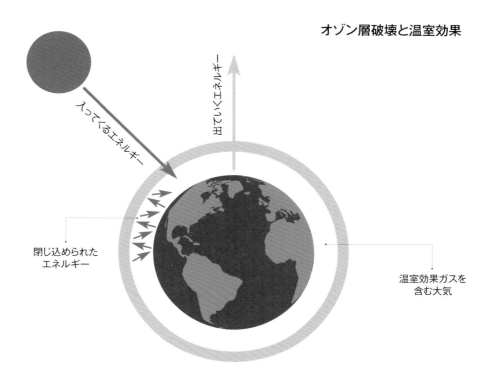

オゾン層破壊と温室効果

入ってくるエネルギー

出ていくエネルギー

閉じ込められた
エネルギー

温室効果ガスを
含む大気

した恒久的なものであり、したがって何も心配する必要はないと考えられてきた。

　その楽観を覆したのが、1974年に発表された2本の科学論文だった。論文を執筆した米国の化学者フランク・シャーウッド・ローランドとメキシコのマリオ・モリーナは、大気中に排出された塩素がオゾン層を破壊していることを証明してみせた。この発見により、2人は1995年、オランダの化学者パウル・クルッツェンと共にノーベル賞を受賞した。ちなみにクルッツェンは、のちに人新世という語を世に広めた人物である[2]。オゾンホールの発見は衝撃的だった。ほどなくして、オゾン層破壊の容疑者が特定された。スプレー缶や冷蔵庫など人間由来の製品から出るフロンガス（クロロフルオロカーボン、CFC）分子が成層圏に入り込み、オゾン層

を破壊していたのだ。この知見は議論を呼んだが、1977年から1984年にかけて提示された証拠は、南極上空のオゾン濃度が1960年のベースラインと比べて40％以上下回っていることをはっきり示していた。その結果、人間を含む地球の生物がさらされる紫外線量は確実に増えていた。紫外線は有機分子をばらばらにする危険な太陽光線だ。

　フロンガスの作用と、国際社会がそれに対応しそこなった場合に生じる環境への深刻な影響については、科学界でも世間一般でも1980年代後半までに大筋で合意が得られていた[3]。スプレー缶や冷蔵庫のメーカーからも、大きな反発は出なかった。国連環境計画（UNEP）は必要な国際的議論を主導し、1987年のモントリオール議定書には49カ国が署名した。この議定書では、2000年までにフロ

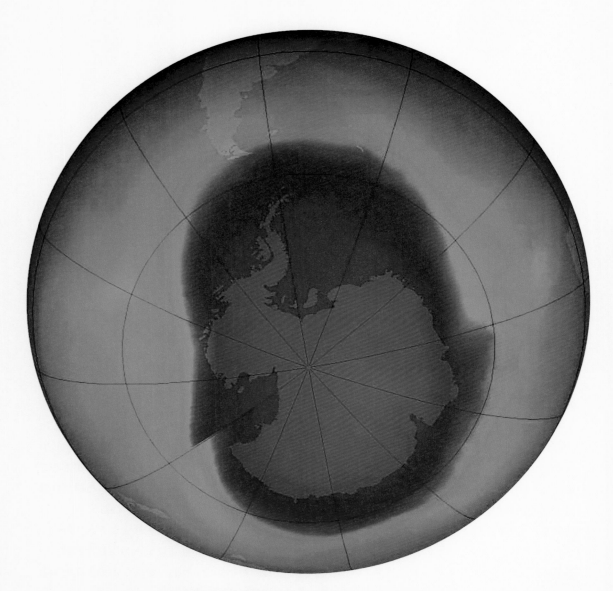

観測史上最大の南極上空のオゾンホール。2006年9月に観測。

失われたチャンス

ンガスの生産と消費を50%削減することが規定されている。その後、フロンガス使用を段階的に廃止していくため、さらに厳しい対策がとられた。当時はまだ「ティッピングポイント」という言葉はなかったが、国際社会はオゾンをめぐる問題を効果的にコントロールし、取り返しのつかないダメージを回避した。今ではほとんど忘れ去られているけれども、それは進歩と成功の物語だった。

地球温暖化問題も同じように基本的事実、主要課題、そして効果的対策に関する合意というコースを進むものと思われた。モントリオール議定書批准の6年前、ジェームズ・E・ハンセンらは、地球高温化の進行と危険を指摘していた。ところが、地球高温化の問題はたちまちコースを脱線してしまった。そのことは今も、気候変動をめぐる世界規模の議論に影を落としている。脱線へと誘導した原因の1つが、俗に言うクライメートゲート事件である。オゾン層の破壊と同じように、現在ではほとんど忘れ去られた出来事だが、インターネット上や数多くの関連文献では、今なお侮りがたい存在感を放っている[4]。

クライメートゲート事件は2009年、ある気候科学の主要研究所のコンピューターに何者かがアクセスしたことから始まった。まもなく英国ノリッジにあるイーストアングリア大学の気候研究ユニット（CRU）から1000通を超えるEメールと3000件前後の気候関連データ文書が盗み出され、ロシアのトムスクのサーバーにアップロードされ、最終的にメールやインターネットを通じて世界中に拡散された。気候科学者を批判する勢力は、流出文書の内容をもとに、漏えいした情報がデータの改ざん、反対意見の封殺、透明性の欠如を示唆していると訴え、「地球温暖化説は捏造だ」と主張した。

議論の多くは、地球の気温を推定する方法に集中していた。この推定は、部分的に木の年輪という、いわば「代理の」気候データに基づいていた。論争の象徴となったのが、CRU所長のマイケル・E・マニングが作成した、近年の気温上昇の加速を示すいわゆる「ホッケースティック曲線」だ。「否定論者」を自認する者を含む批判勢力は、マニングらがデータを改ざんして読者を欺き、自説の説得力を高めようとしたと主張した。クライメートゲート事件には、どこか既視感があるのではないだろうか。ウィキリークスやパナマ文書の事件を経た今では、クライメート文書事件と呼ぶほうがしっくりくるかもしれない。

文書の露出後、英国のみならず世界中で熱い議論が巻き起こった。メディアは徹底的に報道し、文書に関与した気候科学者たちが応酬し、公的な調査が行われた。事態は大きな危機にさらされていた。CRUのコンピューターがハッキングされたタイミングは、おそらく偶然ではなかっただろう。コペンハーゲン気候変動会議と時を同じくして起きたこの事件には、地球高温化に対する国際的な取り組みを弱体化させる効果があった。その後の数年で、傷を負ったホッケースティックは、拡大する否定論の輪の中で、そして時には石油長者が出資する科学的シンクタンクの中で、第二の人生を歩み出した。そうしたシンクタンクの1つが、政府の過剰な規制に抗う個人の自由を支持する米国ワシントンDCのケイトー研究所だ。この嵐のような騒動の中で、薄くなっていくオゾン層を修復する闘いの成功は忘れ去られてしまった。

現在では、新しい形の透明性、連携、情報公開と共に、新しい形の参加と関与（市民科学、ユーザー主導の革新、参加型センシング、クラウドソーシングなど）が生まれつつある。クライメート文書の漏えいから10年を経た今、振り返ってみると、あの事件では代用データに伴う問題が誇張され、批判派の言う「純然たる科学」は世間知らずで時

米国ワシントンDCのケイトー研究所。

代遅れのものだったように思える。渦中の科学者たちもまた、「知性が集まる象牙の塔」という時代遅れの概念のもとで活動し、環境に対する世間一般の懸念にほとんど対応できていなかった。

　ここでもう一度、水族館の概念を振り返ってみよう。水族館では、参加者が見物者から、素人が専門家から、自然が社会から切り離されている。クライメートゲート事件は広範な事象の中のごく限られた出来事だったが、にもかかわらず、科学界とそれより大きな社会の間に存在する不信、フェイクニュースの危険性、拡大するメディアの役割をめぐる問題を浮き彫りにした重要な事例だと言えよう。人類は過去から学ばなければならない。そして、現在の記録および最新の証拠は、気温上昇の加速と、極端気象や大規模水害との関連性をはっきりと物語っている。

2009年、クライメートゲート事件についての記者会見に出席する「エネルギー自立地球温暖化問題特別調査委員会」と
米下院共和党エネルギー対策作業部会のメンバー。

24

地球のエンジニアリング

　科学の専門知識と強力な揚水システムによって成し遂げられたヴェストマン諸島の溶岩冷却は、単発的で無心な「人間対自然」の闘いだった——そう思いたい気持ちになるかもしれない。だがこの事例も、実はもっと大きな組織の技術と密接に結びついていた。特に顕著なのが、米国の軍産複合体、

核開発、冷戦との結びつきだ。たとえば、米国製のポンプはかつて燃料を敵地に送り込む冷戦時代の作戦に使われていた。また、冷却作戦の考案者は、ニールス・ボーアやその同僚たちと共にコペンハーゲンの著名な研究所で経験を積んだ人物だが、その研究所は核研究にも力を注いでいた[1]。1973年の

洪水調節ダムの余水路。

成層圏エアロゾル注入。このプロセスによって地球薄暮化効果を生み出し、太陽放射を制限できる可能性がある。

溶岩との闘いには、「地球」規模での地震と異常気象に対する軍事上の懸念が影響していたことも事実である[2]。この闘いはいわば、有害な気候変動に対する人新世の懸念の前兆であり、工学的手法で回避する可能性の先駆けとなるものだった。

　近年、人新世をめぐる議論における工学の役割はますます大きくなり、大気中CO_2濃度の指数関数的な上昇を食い止めるための小さな技術的工夫から大規模な介入にいたるまで、過去数十年の気候と地球に関するほぼすべての問題にアイデアと解決策を提供してきた[3]。人類の発明の才と工学技術が、多くの分野で偉業を成し遂げたことは間違いない。私たちは太陽エネルギーを捕捉し、原子力エネルギーを利用してきた。だが、その一方で、

エスカレートする環境問題も生み出し、それらには明白な解決策を見いだしていない。

　数十年の間、地球高温化に対する現実的な方策は、適応と緩和だった。そしてそれは、「地球の未来にとって安全なレベルまでCO_2濃度を下げるための時間はたっぷりある」という想定に基づいていた。主要な対策の例としては、炭素税や排出枠の設定、森林の拡大、太陽光エネルギーなどの再生可能エネルギーや非化石燃料の利用促進が挙げられる。主流派の経済学者は長らく、CO_2濃度が2倍になるまでには丸々1世紀を要すると予測し、したがって市場の方策が機能するまで時間的余地はあるだろうと考えてきた[4]。地球温暖化の進行よりも速く、機械、建築、洪水調節システムを改良でき

ると信じられていたのだ。

　現在では、CO_2濃度の上昇は当初の予想よりはる
かに速く進行していることが明らかになっている。
また、市場と金融界の「見えざる手」は、いくつか
の問題を解決する可能性はあるものの（たとえばプ
ラスチックボトルに価値をつけることで消費と廃棄
に影響を与える、など）、全体として見れば混乱を
ひたすら悪化させている。同時に、国際的な取り組
みの欠如、さまざまな場面での政治的反発、さら
には気候変動否定論や化石燃料開発への逆戻り（米
国とノルウェーのような、文化的にも政治的にも多
様な場所で）も見られる。その結果、パニックとは
いかないまでも、切迫した危機感が膨らみつつあ
る。多くの評論家が指摘するように、今は地質工
学と抜本的な社会構造改革の2つに真剣に取り組む
べきときだ。化学と技術の創意工夫によって炭素問
題を解決すると同時に、生物より資本、全体の利
益より個人の利益を重んじる勢力図を見直すこと
──つまり、ある種のグリーン・ニューディールが
必要だ[5]。

　「地質工学」は、歴史的には鉱業や化石燃料採掘
に関連する言葉だが、今や地中とは逆方向、つま
り宇宙へと進出してきた。いわゆる「気候工学」と
結びつき、太陽光が地球へ到達する仕組みを変え
ることで、地球のエネルギー予算を制限しようとし
ているのである。関連技術としては、宇宙に配置
した鏡による太陽光の遮蔽、成層圏エアロゾル注
入、光反射バルーン、雲凝結のシミュレーション
などがある。SFの設定が現実世界へ降りてきたよ
うだ。そうした対策は、地球高温化の規模と影響
を緩和しようとする数々の試みよりもコストがかか
るかもしれない。しかし高温化による被害を考え
れば、十分に元がとれる可能性もある。また、ほ
かの方策より迅速な効果を発揮するかもしれない。
その一方で、無数のリスクとトラブルも突きつけて

2020年、ジャカルタ（インドネシア）のマンガライを襲った大洪水。

179
地球のエンジニアリング

宇宙鏡による太陽光の遮蔽。

地球のエンジニアリング

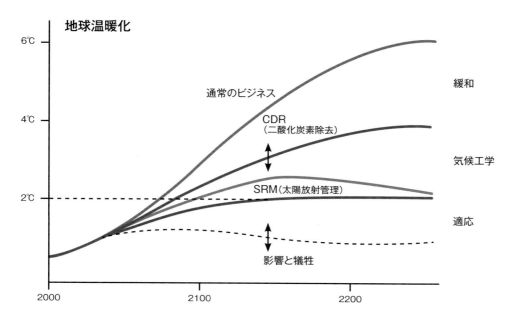

地球温暖化

6℃

4℃

2℃

通常のビジネス

CDR
（二酸化炭素除去）

SRM（太陽放射管理）

緩和

気候工学

適応

影響と犠牲

2000   2100   2200

ソーラージオエンジニアリングを用いた気温急上昇の「ピーク削減」。ジョン・シェパードのいわゆる「紙ナプキン図」（2010年）。

くる。地球の大規模な「リエンジニアリング（再構築）」は未知の領域への突入を意味し、失敗の危険と著しいリスクを伴う。それは、人間と環境の双方に強烈な副作用をもたらす恐れもある。

　米国の環境学者ホリー・ジーン・バックは重要な著書『After Engineering（エンジニアリングの後）』の中で、「未来の可能性をつぶすという人間の伝統に支えられた、数学的な進路やシナリオという観点から記述された……気候の未来」を乗り越える価値を強調している。バック自らが考案する戦略では、フィクションを数学と理論に導入し、「未来をそれほど空疎ではないものにして、具体的な生活と感情を付け加える」ことが提案されている[6]。もう1つの重要なジャンルが、現実の体験や生活の歴史をたどる自伝だ。ロバート・マクファーレンの『アンダーランド──記憶、隠喩、禁忌の地下空間[7]』（岩崎晋也訳、早川書房、2020年）は、このたぐい

の物語の典型例と言えよう。さらにもう1つ、先述したマックス・フリッシュの小説『完新世の人間』のような正真正銘の人新世フィクションというジャンルもある。「昨今のような時代」に、海面は「どんな時代にも変わらない」と想定する過ちを強調したこの小説は、新たなジャンルを切り拓いたと言えるかもしれない[8]。

　あらゆるメディアを通じて一般市民の感性に訴えかけるビジュアルアートも重要だ。環境をテーマにした作品として傑出しているのが、コペンハーゲンを拠点とするアーティストのオラファー・エリアソンと地質学者のミニック・ロージングによる《アイス・ウォッチ（Ice Watch）》だ。これはグリーンランドの大きな氷のかたまりを使ったインスタレーション作品で、2015年にコペンハーゲンで、のちにパリのパンテオン広場で展示された。エリアソンは、2003年にロンドンのテート・モダンで開催さ

れたウェザー・プロジェクトなど、環境をテーマに
した作品に力を入れている。かたやロージングは、
グリーンランド海底での光合成に関する研究が評
価されている。この画期的研究の結果、生命誕生
の時期が2億年もさかのぼることとなった[9]。この2
人によるインスタレーション作品のポイントは、人
間と環境データと感情の関係を探ることだ。実際、
融けていく氷を見た人々は強い感銘を受けていた。
自分たちの時代を深く探り、その未来を想像しよう
とする試みにおいて、今後も言葉や概念や視覚を
駆使したあらゆる芸術ジャンルが重要な役割を演
じることは間違いない。

しばしば指摘されるように、人新世はきわめて
人間中心的な構造を持つ概念であり、人間の偏見、
工学的精神、コントロールしたいという欲望に毒さ
れている。現代(あるいはポストモダン)における
アントロポス(人間)の復活は、概念的には皮肉
な偉業である。なにしろ、科学と進歩に対する信
頼を失い追放されたばかりの人間たちが、歴史の
運転席に返り咲こうというのだから。結局のところ、
集合的であれ分散的であれ、人為作用を超えるも
のについて論じ、人新世はホモ・サピエンスの活
動が単独で引き起こした結果ではないと強調する
ことには、十分な根拠がある。人新世は、生物、
技術、文化、有機物、地質学的存在物の多様なネ
ットワークを通じてしか実現し得ない。とはいえ、
人間はやはり重要な行為者であり、自らの行いをし
ばしば痛烈に認識してもいる。

人新世を語るうえで、概念的な問題の1つが、環
境危機の観察者、そして彼らに通じる言語が、必
然的に彼らの観察する世界に埋め込まれていると
いう点だ。たとえば、現在私たちがよく使うメタフ
ァー(「ティッピングポイント」や「機会の窓」など)
は、どれだけ信頼でき、どれだけ有効で、どれだ
け無害な言葉なのだろう。この疑問は、人新世に

おいては、とりわけ核心を突いている。もし人間が
構造プレートのように地球に縛りつけられているの
なら、もし私たちの手と体が文字どおり化石化し、
プラスチックやチキンの骨と一緒に地層に刻まれ
るのなら、どうして人間が意味のある形で現在の
危機に対処できるというのか[10]。人新世における地
質と文化の融合は、自由、客観性、責任という点
で何をもたらすのだろうか。

人新世が暗示しているのは、自然と社会、地球
と人類の融合だけではない。人間の認識と責任を
めぐる視点と行動の急進的な変化──ドイツの哲
学者ハンナ・アーレントの言葉を借りれば「新た
な人間の条件」をも示唆している。アーレントは大
きな影響を及ぼした著書『人間の条件』(志水速雄
訳、中央公論社、1994年)の中で、自然からの人
間の孤立や、政治・科学・自由の特性の変化をは
じめとする第二次世界大戦後の社会の変遷につい
て書いている[11]。人新世の間に、人間の条件はどれ
だけ変わったのだろうか[12]。そんな疑問を持つ人も
いるかもしれない。たいていの場合、大きな変化
は事実が理解されたあと、新たな時代や現象が確
固たるものになってから数十年、あるいは数世紀
を経てようやく理解される。だが、このケースでは、
あとから振り返って考えるという選択肢はない。そ
の点で、私たちの生活、状況、行く末に光を当て
る創造的なフィクションやビジュアルアートは、人
文科学や社会科学と同様、どうあっても欠かせな
いものなのだ。

2015年にフランス、パリのパンテオン広場で展示された《アイス・ウォッチ》。オラファー・エリアソンとミニック・ロージングによるインスタレーション作品。

地球のエンジニアリング

25

炭素固定と時間稼ぎ

　2009年春、アイスランド深部掘削プロジェクト（IDDP）が突然中断された。クラプラ火山の深部にある地熱エネルギー源を調査するという大がかりなプロジェクトだったのだが、掘削が深さ2066mまで達した時点で、機械がその先へ進めなくなった[1]。地球の核を取り囲むマントル上部と地表の間にある溶岩と半溶岩が混ざり合う領域に掘削機が突っ込むという、まったく予想外のことが起きたのである。世界各地で数千件の掘削プロジェクトが実施されているなか、掘削機がマグマだまりに入り込むことは滅多にない。しばらくして、掘削井にポンプで冷水を注入しながら掘削が再開されたが、バルブの故障後、結局この掘削井は閉鎖された。

　火山噴火などの大規模なマグマ噴出による災害の歴史を思えば、クラプラ火山の現場にいた専門家や技術者は、マグマを掘り下げることが大惨事につながるのではないかと危惧したにちがいない。このマグマとの遭遇により、地球の「死んだ深層」と人間が活動する「生きた地表」を長きにわたり隔ててきた障壁が破られたのではないか？　マグマに「触れる」またとないチャンス——温度が下がり、一部の溶岩流でつかのま見られるマグマ特性が失われる前に研究するチャンスは、パンドラの箱を開けることになるのだろうか？　ひょっとした

アイスランド北部にあるアイスランド深部掘削プロジェクトの現場。

ら、重力を乱し、時間を歪め、時の終末をも告げることになるのではないか? [2]

　事実、世界各地で実施されている多数の掘削プロジェクトにより、二酸化炭素を地殻に押し込めて時間を稼ごうとする試みが進行中だ。各地のプロジェクトはそれぞれ異なる種類の技術や化学的アプローチを頼りに、多種多様な形をとっている。最先端の気候工学の革新的かつ重要なお手本となるだろう。初期の地中プロジェクトの1つが、ノルウェーのスタヴァンゲル西にあるスライプナー・ガス田で実施されたものだ。このスライプナー・プロジェクトでは、1996年から2014年にかけて年間100万tのCO_2が捕捉され、物理トラップにより、海底より700m以上も下にある浸透性の砂岩層に貯留された。このような場所では、最も安全な貯留メカニズムである鉱物トラップには、反応性の低さと鉱化に必要な化学元素の欠如により、少なくとも数千年かかると予測される。物理トラップは広いスペースを要し、安全性にも疑問が残る。それが重要な欠点であることは明らかだ。

炭素固定と時間稼ぎ

注入という手法により、速くて安全な鉱化を達成しているプロジェクトもある。この分野のパイオニアが、EU（欧州連合）と米国エネルギー省の出資によりアイスランド南西部で2006年に開始された「カーブフィックス（CarbFix）」というプロジェクトだ[3]。数年に及ぶ準備、さまざまな国際外交、学術界の連携、アイスランド地熱エネルギープロジェクト（ヘトリスヘイジ地熱発電所で実施）との協力を経て、2012年1月に試験的な炭素注入が実施された。小さな気泡として放出されたCO_2を、注入井内の下方へ流れる水に注入すると、気泡が水に溶ける。CO_2が溶けた水は、深さ500〜800mにある玄武岩からの金属放出を促進し、炭酸を含む固体の鉱物が形成される。これにより、注入されたCO_2の95%以上が、2年以内に鉱化される。カーブフィックスが最初にCO_2を注入してから2年後、スケール拡大により、より高温かつ深い貯留場所で炭素の50%以上を数カ月で鉱化できるようになった[4]。

　当初、鉱化には数年から数十年、場合によっては数世紀を要する可能性があると予測されていたことを考えれば、これは驚くべき成果である。カーブフィックスを主導するシーグルズル・R・ギースラソンとエリック・H・エルカースは、次のように述べている。「鉱物として貯留されたあと、CO_2は地質学的な時間のスケールで不動化される[5]」。同プロジェクトの初期段階では、純CO_2が175t、次いでヘトリスヘイジ地熱発電所から出たCO_2とほかの気体の混合物が73t、多孔質の玄武岩に注入された。第2段階となるカーブフィックス2では、さまざまな深さ（最大3300m）の100を超える地熱井を活用し、トレーサーと放射性同位体により、地中に注入された液体と鉱化プロセスを念入りにモニタリングした[6]。開始当初は、世界各地で起こったフラッキングの影響と同じように、地震活動の発

ノルウェー、スタヴァンゲル西にあるスライプナー・ガス田の炭素貯留サイト。

炭素固定と時間稼ぎ

生が見られた。初期にはマグニチュード４の地震が２度起きたが、その後まもなく、地震活動への影響は最小限になった（2018年には、マグニチュード２の地震が２度起きただけだった[7]）。カーブフィックスと同様のプロジェクトとしては、2013年に米国のワシントン州ワルーラで開始された「ビッグスカイ炭素隔離パートナーシップ」がある[8]。

　炭素貯留に関するプロジェクトのほとんどは、いまだ実験的な段階にあり、コスト、カーボンフットプリント、技術、資源、政治的懸念、人的スキルのバランスをとっている最中だ。だがなかには、産業規模の開発に近いものもある。CO_2は空気中では急速に混合されて自由に移動するため、地球全体で均一な濃度になるが、炭素貯留の場合は、工場や発電所など局所的な発生源の近くで実施すると最も効率が高くなることがわかっている。いくつかのプロジェクトでは、まだ開発の初期段階ではあるものの、大気から直接CO_2を捕捉する方法が模索されている。これはエアコンを用いた最近の実験

と同様の原理で、空気を濾過装置に送り込んでCO_2を選択的に除去するというものだ。この種のプロジェクトとしては、アイスランドの地熱発電所での先行実験を拡張した「カーブフィックス２」と、カナダのブリティッシュコロンビア州で実施されている「固体炭素プロジェクト」の２つが挙げられる。また、大気からCO_2を直接捕捉する技術と、海底玄武岩層での沖合CO_2隔離による炭素鉱化を組み合わせた技術を検証する予備的プロジェクトも実施されている[9]。

　人間が掘削やポンプを通じて地球に永続的な影響を与え、地下世界をつくり変え、自分たちの地上の暮らしを長持ちさせようとしているという意味では、どの炭素貯留プロジェクトも、いかにも人新世らしい試みだ。各プロジェクトの狙いは、予測されるティッピングポイントに地球が到達する前に化石燃料の影響を減らし、驚くほど短い時間でCO_2を鉱化させて、時間を稼ぐことにある。その結果として生じた地層のスパイクは、数千年にわたって

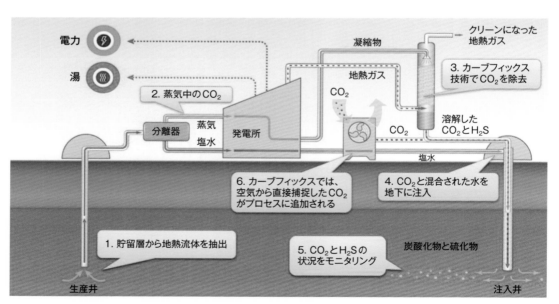

アイスランド南西部のヘトリスヘイジ実験場における地熱発電所とカーブフィックス技術の連携の概略図。

炭素固定と時間稼ぎ

アイスランドのカーブフィックス・プロジェクトで、注入サイトから採取したコア。玄武岩の母岩中のCO$_2$含有炭酸化鉱物が見られる。

地球の地殻の中に、そしてうまくいけば生物圏の中に現れるだろう。炭素は時に生命に不可欠なものとして、また、時に致命的な脅威となりながら、炭素循環の長く曲がりくねった旅を続けていく。

炭素貯留プロジェクトは、今後数年から数十年で拡大・増加する可能性が高い。主な理由は、排出枠が逼迫(ひっぱく)し、カーボンプライシングによる炭素の価格が高騰し、気温が上昇し続けるのに伴い、CO$_2$の安全な捕捉と貯留がどうしても必要となることにある。現在のペースで捕捉されるCO$_2$の量は、地球の気温上昇を1.5℃に抑えるという目標を達成するのに必要な190ギガトンにはほど遠い。それでも、これらのプロジェクトが人新世における発展の

ため、重要な道を開くことは明らかだ[10]。しかし、この手法はどこにでも応用できるわけではない。コストがかかるうえに、特定の岩石層や十分な水の供給など、いくつもの局所的要因に左右されるからだ。長期的に見ると、国際社会がゼロもしくは最小限の排出量という目標をどうにか達成できれば、炭素の捕捉や貯留の重要度は下がるかもしれない。その一方で、ある程度の化石燃料の使用が遠い未来まで続き、どのような手段であれ、CO$_2$捕捉が重要であり続ける可能性は高いとの予想もある[11]。

pp.190〜191：アイスランド南西部のヘトリスヘイジにあるカーブフィックス実験場と地熱発電所。

189
炭素固定と時間稼ぎ

26

抗議活動

環境主義（生存可能な未来の探求）の一部は、ラルフ・ウォルドー・エマーソン、エミリー・ディキンソン、ヘンリー・デイヴィッド・ソローなど19世紀北米の作家たちの作品と共に誕生した。ソローはマサチューセッツ州コンコードにあるウォールデン池周辺での暮らしを綴った『森の生活』（飯田実訳、岩波文庫、1995年）で、人間の自然体験、そして野生保護に関する人間の責任を強調した。ソローが同著の中で宣言したことは、今も、史上屈指の重要な環境声明として生き続けている。ソローの伝記の著者の1人は、次のように書いた。「ウォールデン池を渡ってくる列車の警笛は、古い世界の弔いの鐘のように響き、新しいものの誕生を告げていた……化石燃料が地球の経済をハイパードライブへ、人新世へと追い込んでいるさなかに[1]」。ソローの森での生活は、孤独に執筆する機会というだけでなく、耳を貸す気がある人々にとっては、おおやけの抗議活動であり、現在の環境主義者による市民的不服従にも似た行動を呼びかけるものであった。現在の環境主義者にとっての地球は、ウォールデン池とその周囲の森という小さな世界とそっくりなのである[2]。

環境主義の政党や運動は多くの場所で見られるが、比較的新しい国際的活動団体「エクスティンクション・レベリオン（XR、@ExtinctionRebellion）」は新境地を開拓している。この運動を主導するのは、ほとんどが若者だ。彼らは自分たちが人新世の問題を受け継ぐという自覚を持ち、組織化された非暴力的な抗議活動により根本的な変化を推し進める決意を固めている。

2018年にこの活動団体を創設した英国の活動家、ゲイル・ブラッドブルックとロジャー・ハラムは、気候災害と消えゆく種に焦点を絞った大規模な市民的不服従の戦略を練り上げた。その活動とマニフェストは、同団体のウェブサイトとハンドブック『This is Not a Drill: An Extinction Rebellion Handbook（これは訓練ではない：エクスティンクション・レベリオン・ハンドブック）』に記載されている[3]。エクスティンクション・レベリオンの旗のもと行われた集団抗議活動は、過去2年間多くの都市を揺るがしてきた[4]。そこではいつも気候問題に対する即座の行動が呼びかけられ、「プラネットBはない！（地球に替わる惑星はない）」というスローガンがそれに続く。

この抗議運動を支えるのは、世界中の無数の町や都市に散らばる組織化された支部だ。インターネットとソーシャルメディアがそれぞれの支部をつなぎ、迅速な行動と効果的な組織づくりを助けて

2019年、ロンドンのパーラメント・スクエアで行われたエクスティンクション・レベリオンの抗議活動。

抗議活動

2019年、ロンドンのパーラメント・スクエアで行われたエクスティンクション・レベリオンの抗議活動。

いる。19世紀に絶滅をめぐる研究を開拓した動物学者アルフレッド・ニュートンの拠点だった英国ケンブリッジには、その場所柄にふさわしく、強力なエクスティンクション支部がある。その中核を成すのは、世間の否定論や政府の失策に怒りを抱くさまざまな社会的階層の若者たちだ。地球の未来について深刻な懸念を共有する彼らは、地元民や隣人たちをまとめ、行動計画を練り、根本的な変化を求めるデモに参加している。ほとんどは、それ以前にはいかなる種類の政治運動にも関わったことがない若者たちだ。だが、そんな彼らが突然活動に熱中し、大きな集団を組織し、自分たちの訴えに耳目を集めるためのイベントを実施するようになったのだ。なかには、自身の予想外な急進主義化を、「雷に打たれた」と表現した人もいる。会合で若者たちと合流した年配者の多くは、自分たちの孫の未来を憂えて涙を流す[5]。2019年秋、ケンブリッジのチームは、イングランド、スコットランド、ウェールズの各地から集結した数万人と共に、ロンドンで催された一連のイベントに参加し、気候問題の緊急性を公式に認めるよう英国政府に求めた。世界中で開催されているそうしたイベントは、交通や日常生活に影響を及ぼし、世間の注目を集めている。

人新世においては、民主的参加、環境をめぐる批判的思考が、ごく若い人たちの間でさえ、とりわけ重要な意味を持ちそうだ。ベルリン、バーミンガム、シアトル、東京といった多くの都市で、幼い子どもたちの市民活動参加を育もうと、農業や社会生活の実験を安全に行える場所が幼稚園や小学校につくられている。そうしたプロセスを通じて、子どもたちは模擬の店や役割や組織を自分で考え出しながら、重要な政策、積極的な関与、そしてより良い未来に向けた準備を整える[6]。日本の建築家の手塚貴晴と手塚由比は、画期的なビジョンと建

ロンドン、トラファルガー広場でのエクスティンクション・レベリオン。

手塚貴晴と手塚由比が設計した
東京の幼稚園（ふじようちえん）の様子。

築を通じて大きな役割を果たしてきた。彼らが設計を手がけた幼稚園では、園児たちが共同実習を通じて自らの学習環境を設計できるように後押しをしている。

　そうした若者たちの活動は、気候行動の1つのモデルになるかもしれない。だが、たった1人で抗議活動を始め、世界各地の若者たちによる「気候ストライキ」運動にほぼ独力で火をつけた少女がいる。スウェーデンのグレタ・トゥーンベリである[7]。

　2018年8月、16歳のグレタはストックホルムのスウェーデン国会議事堂前で最初のストライキを敢行した。その5年前に学校で地球高温化と海面上昇について学んで以来、グレタは鬱状態にあったが、今は回復し、活力を取り戻している。最初のストライキではひとりぼっちだったが、まもなく彼女の「未来のための金曜日」というイベントに加わる人が増えていく。2019年9月を迎える頃、気候ストライキは世界中に広がり、グレタとエクスティ

ンクション・レベリオンによる共同の旗のもと数百万人が参加するようになっていた。カーボンフットプリントを制限し、長距離フライトを避けるという原則を守るグレタは、小型ボートで移動してニューヨークやマドリードの国連会議に出席し、世界のリーダーや気候関連の活動家と対面した。

　いわゆる「グレタ効果」は絶大だった。カナダの作家マーガレット・アトウッドはグレタをジャンヌ・ダルクになぞらえている。米国の『タイム』誌はグレタを2019年の「今年の人」に選んだ。何より重要なのは、彼女が地球規模での反乱のシンボル、ある世代にとってはアイドルとなり、その率直な話しぶりのみならず、「ライフスタイルの変化と根本的な構造改革の取り組みにより気候の緊急事態に対応すべきだ」という訴えを通じて、民衆を刺激し奮い立たせていることだ。どんな政治家、学者、科学者にもまして（そして謙虚で控えめなスタイルにもかかわらず）グレタは国際社会の注目を集め、人新世とその本質、そして影響に注意を向けさせることに成功した。ソローがこの状況を見たら、きっと面白がったことだろう。そして、グレタの遠い親戚でもあるノーベル物理学賞受賞者で、大気中の二酸化炭素と地球の気温との関係を探る研究の先駆者だったスヴァンテ・アレニウスも愉快がったにちがいない。

pp.198〜199：2019年3月15日、オーストラリア、シドニーの学校で行われたストライキ。

2018年、ストックホルムのスウェーデン国会議事堂で最初の気候ストライキを始めたグレタ・トゥーンベリ。

27

ハウスキーピング
としての地政学

16世紀に生まれた「ハウスキーピング（家政、家事)」という語は、家庭を維持するための活動を意味し、環境面や経済面などきわめて広い意味で収支を合わせる必要性を強調している。それに関連するいくつかの語（「家庭」を意味する古代ギリシャの概念「オイコス」から派生したものもある)は、経済と生態系の維持管理に着目している。古代ギリシャでは、複数の家庭の集合が、都市と国家の統治単位である「ポリス（村々の共同体)」を構成していた。西洋以外の多くの文化でも、これと似た家庭と社会の概念が存在することは疑いようがない。たとえば、東アジアには、中国語の「家国天下」という例がある[1]。

つまり、古代世界では、政治は小規模な単位（家庭）と大規模な単位（国家）の両方と関わるきわめて幅広い現象であり、社会の領域（家族や国家の市民の生活）のみならず自然の領域（土地とその資源）とも関わっていた。残念ながら、環境をめぐる現代の言葉では、オイコスはしばしば社会生活との一体性を奪われている。たとえば、ヒューマン・エコロジー（人間生態学）の発展に貢献したA・B・ホリングスヘッドは、1940年代に「生態学的秩序と社会的秩序」について次のように述べた。「前者は主に、自然界の至るところに見られ

る秩序の延長であるのに対し、後者はもっぱら……まごうことなき人間の現象である[2]」

そうした体系の中で、「地政学」という語はこれまで通常、地域もしくは国際的な政治——地理的な領域や大陸に関係する権力や統治といった狭い意味に制限されてきた。だが今や、あらゆるものを含有する人新世の特性を考えれば、人間だけではなく地球そのものをも含む、もっと広い地政学の概念を発展させるべきであるように思える[3]。そうした政治的アプローチでは、火山、河川、鉱物、氷河などを含む最も広い意味での地球と、その表面で展開する社会生活に注意を払う必要がある。すでに見てきたように、活火山はそれ自体がきわめて活発で、時に人間活動の結果でもある。人新世においては、地質学的活動、噴火、地震が新たな地政学に関わる問題であることは間違いない。

現在進行中の環境変化の性質と規模を考えれば、古代のハウスキーピングの概念に立ち返り、その概念が指し示す範囲を広げるのが妥当だろう[4]。米国の古生物学者ヘンリー・フェアフィールド・オズボーンが『Our Plundered Planet（略奪されたわれらが惑星)』(1948年)で用いた表現を借りれば、「地球は今や人間のもの」なのだ。この声明は、オズボーンの時代よりも現在においていっそう大き

アポロ17号の乗組員が1972年12月7日に撮影した地球の画像「ブルー・マーブル」。

な意味を持つ。集団としての責任と管理（「所有」とは言わないまでも）を担う政治は、地球という家を「火事」の状態へと追いつめた、細分化された私有化と、過去10年の地球とその資源の商品化を改める必要がある。集団としての意識と行動なくしては、家は永久に危険な状態のままだ。人新世をめぐる最近の影響力のあるマニフェスト（学校のストライキとエクスティンクション・レベリオンの情報をもとに、スウェーデンのトゥーンベリー一家がまとめた）には、「わたしたちの家が火事です：危機にある家族と惑星の科学（Our House is on Fire: Scenes of a Family and a Planet in Crisis）[5]」というタイトルがつけられている。惑星と家は、地球環境と政策の議題の上で密接に結びついているのだ。

　地球規模のハウスキーピングという新しい概念が生まれたきっかけの1つが、宇宙からの眺め、とりわけアポロ17号の乗組員が月へ向かう途上で撮影した1972年12月7日の地球の画像「ブルー・マーブル」（NASAの記録ではno. AS17-148-22727）であることは間違いない。だが、それにもまして重要なのは、超高温化、異常気象、洪水、森林火災に伴う最近の環境危機により、視点の変化が否応なく求められていることだろう。そうした変化は、地政学においてどんな意味を持つのだろうか？

　新しい意味での地政学は、今や多くの前線で、人新世を踏まえた形で具体化されている。状況の新規性、地球の大きさ、さまざまな利害関係（南と北など、あらゆる種類の社会的格差）、時間のプレッシャー、ぞっとするレベルの大気中CO_2濃度、否定論とフェイクニュースの危険な働き、そして主要課題に関して世界的な合意を得ることの複雑さを考えると、決して簡単な仕事ではない。自然界に関しても、活動に対する責任という点でも、人類の持つ知識は大きく広がっているが、その一方で、それに関連する巨大なタスクを前にして無力

エクスティンクション・レベリオンの《沈む家》。抗議活動としてテムズ川に設置されたインスタレーション作品。2019年11月17日に撮影。

感を抱く人も多い。さまざまな学問分野だけでなく、地理、政治、環境などあらゆるレベルでの幅広い連携が求められていることは明らかだ。

今こそ、連帯という概念を議題にのせるべきときかもしれない。連帯は社会思想や政治の分野では長い歴史を持つ概念で、オーストリアの政治学者バルバラ・プラインザックが、その歴史と近年いや増す重要性について、わかりやすくまとめている[6]。連帯とは、純然たる個人または自己中心的な利益を否定し、地球上の生物にとって必要な集団行動を促進する共同体主義の精神のことである。人新世の地政学には絶対に欠かせない概念だと言えるだろう。語源を見ると、「連帯（ソリダリティ）」は共同契約を意味するローマ法の「イン・ソリドゥム（in solidum）」という概念から派生している。「固体、固い（ソリッド）」という概念（たとえば「固い岩」のように使われる）も同じ語源を持ち、「堅固な、全体の、分割されない、完全な」を意味する「ソリドゥス（solidus）」から派生している。興味深いことに、建築家のアミン・タハ、石工のピエール・ビドー、工学者のスティーヴ・ウェッブに端を発する最近の建築の潮流は「新石器時代」と呼ばれ、建築材としての石の復権を特徴としている。その狙いは、建設費を削減し、鋼鉄とコンクリートを使わずにカーボンフットプリントを最小限に抑えることにある[7]。

実際、住居は地政学の再考に着手するのにうってつけの場所だ。J・K・ギブソン゠グラハムという共同ペンネームで活動する2人のフェミニスト学者は、そうした地政学の範囲を広げ、人新世に必要なのは新たなケアの倫理であり、家族や家と接するときと同じように地球規模の世界と関わるべきだと主張している。私たちは、人間以外の生命体や生物全般にまで連帯の範囲を広げられるだろうか。ギブソン゠グラハムはそう問いかけている。そ

して、「できるのであれば、それは間違いなく、新たな……形の帰属をもたらすだろう[8]」とまとめている。

定義上、「人新世の連帯」には地球と生命体も含まれる。居住に適した惑星であり続けるには、地球全体でのつながりが不可欠だ。その一方で、人間の活動が地球環境の変化を促す主要な「駆動力」であることを認める必要もある。人間活動の影響力は、そのほかの地質学的な要素の影響力に匹敵するものとなっている。紀元前5世紀の著述家ヘロドトスは『歴史（Historiai）』の中で次のように述べている。「人間のあらゆる不幸の中でもひときわつらい不幸は、多くのことを知りながら、行動できないことである」。この言葉は現代でも、ヘロドトスの時代に劣らず重要な意味を持っている。肝要なのは、一致団結した行動である。ここで改めて思い浮かぶのが、2011年の『エコノミスト』誌の表紙に書かれた「人新世へようこそ」というスローガンだ。これは現代の、新しい規模でのハウスキーピングの範疇（はんちゅう）にある。目下、とてつもなく大きなプレッシャーのもと、地政学をめぐる具体案が練られている。たとえば、米国、カナダ、英国などでナオミ・クライン、アン・ペティフォーらが提言しているグリーン・ニューディールでは、連帯、公平性、幸福といった概念に基づく金融と経済の構造変革を重視している[9]。

新しい地政学では、ティッピングポイント（引き返せなくなるポイント）の研究を通じて、地球の状態と環境における緊急事態の規模を評価することが欠かせない。とりわけ、氷河融解、海面上昇、気象の極端化を避けるのに必要なCO_2排出量の削減水準を確定し、地政学的行動のための適切な道筋を定めることが重要だ。2019年に『ネイチャー』誌の論評としてまとめられた科学界の結論に疑いの余地はない。それまで学者の間では、アマゾン

熱帯雨林の消滅といったティッピングポイントに到達する可能性は低いと見られていた。だが、そうした出来事は「発生する可能性がこれまで考えられていたよりも高く、大きな影響を与え、さまざまな生物物理系をまたぐ形で相互に絡まり合い、長期的に見て、取り返しのつかない変化を世界にもたらす恐れがある」ことを示す証拠が集まりつつある[10]。20年前、気候変動に関する政府間パネル（IPCC）は「気候系の大規模な断絶が予想されるのは、地球が産業革命前との比較で5℃以上温暖化した場合に限られる」と指摘していたが、2018年と2019年に公開したIPCC特別報告書では、気温上昇が1〜2℃の場合でもティッピングポイントを超える可能性があるとしている。

　私たちに残されたチャンスを考えるとき、これは警戒すべき結論である。地球という家庭（生態学的用語で言えば地球システム）は、海に浮かぶ超巨大タンカー、おそらくは危険な荷を積んだ石油タンカーにたとえられる。タンカーは、気温の上昇する惑星に配慮しながら、必死になって安全な海

路へ移動しようとしている。手遅れになる前に、この途方もない推進力を持つタンカーが進路を変えたり止まったりする時間は、はたして残されているのだろうか？

　2019年の『ネイチャー』誌の論評を書いた1人で、ストックホルム大学のストックホルム・レジリエンス・センターの地球持続可能性アナリストでもあるオーウェン・ガフニーは、こんな見解を提示している。「われわれに残された時間はほとんどない。人々はそれを認識していないと思う……10年か20年で1.5℃に到達するが、脱炭素化には30年かかるだろう。これは緊急事態だ[11]」。

　残念ながら、2019年の国連のマドリード会議では、楽観の余地はほとんどなく、地政学的には行き詰まりに終わった。人類はいったいどうすれば、ティッピングポイントを超えてしまう前にタンカーの進路──つまり公的な議論、学術界、そして地球そのものの向かう先を変えるという、途方もない、そして重大なタスクに対処できるのだろうか。そうした状況では、どのような統治が最善なのか。公

NASAの人工衛星から見た氷河。

石油タンカー。彼方に石油掘削装置が見える。

益と私益、物質と生物、地域と地球全体、各国政府と国際場裡を調整するにはどうすればいいのか。人類が過去に直面した疑問の中でもひときわ切迫性の高い疑問の数々が、今後も主要課題として残されていくだろう。複雑かつ不確実な状況のもとで、こうした危機に対処し、さまざまな当事者や媒介者をさまざまなレベルで連携させるためには、新たな統治モデルが必要だ。

「地球の地政学会合」のような場をあえて想像するなら、それはおそらく、地球そのもの、世界中の多様な民族集団、そしてあらゆる形状と大きさの生物の代表者により構成されることになるだろう。あらゆる境界を越える大規模な抗議活動やゼネストが、時を問わず、さながら昆虫の群れのように沸

きおこる可能性もある。気候変動をめぐる国際会議を見ればわかるとおり、さまざまな事象を理解したり管理したりすることは容易でない。しかし、ほかならぬこの世界で、人間はほかの生物や地球と共に生き、適応していかなければならないのだ[12]。人類は自然の一部であり、私たちはその自然を言葉で表現し、向き合っている。場所においても時間においても、私たちは1つに結びつけられている。それはたとえるなら、地震を検知したり噴火を予測したりする地震計が絶えず地球とつながり、その動きに合わせてダンスしているのと同じことだ。

pp.206〜207：2019年、オーストラリア、ヴィクトリア州南西部で、野火に破壊された自宅の外で飼い犬をなぐさめる男性。

28

煙を吐く惑星

ピーテル・ブリューゲルの油絵《死の勝利》(1562年頃) は、しばしば芸術史上最も恐ろしい作品の1つと評されてきた。この絵が描くのは、人類の存続に対する脅威、ほぼすべての者を死に追いやるべく進軍する疫病だ。ブリューゲルのカンヴァスには、骸骨、苦しむ体、闘う軍隊、人々の集会、死刑執行の道具などが散りばめられている。大地は乾き、炎がそこかしこで燃えさかる。左上端には世界の終わりを告げる鐘が見える。右下の端では、吟遊詩人と歌手が楽しげに寄り添っているが、2人とも周囲の悲惨な状況に気づいていない。この世界では、社会秩序が崩壊しているように見える。ブリューゲルは現在の人新世とそれを取り巻くパニック、そして陰鬱な未来を描いたのだと、考えずにはいられない。ロシアの文学者ミハイル・バフチンが指摘したように、危機への不安は「広大無辺の恐怖」が君臨する古代神話の一部であり、「はかり知れない、無限の力に対する不安」であった[1]。本書の冒頭で紹介した「人新世へようこそ」のイラストが思い起こされる。いずれにせよ、われらが惑星は今、煙を吐いているのだ。

何より重要なのは、人新世の「広大無辺の恐怖」を受け入れることではないだろうか。その恐怖は、人類史上のいかなるものより果てしなく強力だ。1つの種を脅かす1つの疫病よりも強力であることは間違いない。バフチンによれば、中世の人々はしばしば笑いで恐怖に対応したという。その手法は、ストレス軽減には役立つかもしれないが、今となっては最善の戦略とはとても言えない。地球の歴史は新たな時代、人新世に突入した。まずはその前提を認めることから始めればいい。次の一歩は、この危機の性質と規模を明確にし、警鐘を鳴らし、先へ進むことだ。

心に留めておくべきは、歴史をさかのぼるにつれて、歴史的記録物や氷床コアや木の年輪に基づく過去のデータセットと、最近のデータとの比較がますます難しくなることだ。そのため、不確実要素だらけの状態で未知のことを推定しなければならない。だが、現時点で手に入る証拠はきわめて示唆に富んでおり、それを軽視すれば、地球上の生命を途方もない危険にさらすことになるだろう[2]。この問題に関わるリスクと不確実性に対処し、意味のある行動方針を決定するためには、あらゆる種類の科学、芸術、組織が必要だ。環境をめぐる現在の議論の核となるコンセプトを、批判的に検証することも欠かせない。そうしなければ、私たちが正しい軌道にいるのかどうか判断することはとうていできまい。人間が言葉の比喩の罠から完全に

抜け出すことはまず不可能だが、言葉の中にも良し悪しがあるのだ。

　マイノリティや主流から取り残された人々を黙らせる「勝者が全部取る」のポリシーは、環境科学、政策の双方にとって明らかに建設的でない。科学の歴史が証明しているように、誠実な批判的議論の余地がなければ科学的知識は進歩しない。批判的議論がなかったら、いまだに地球は平らで、天空のあらゆるものが地球を中心に回っていると考えられていただろう。その一方で、徹底的な研究と集中的な議論を経て科学界で確立された統一見解を切り捨てることも危険だ。たとえ欠陥があるにしても、炭素業界、確立した上流階級、宗教原理主義者、家父長制度の支持者、白人至上主義者といった既得権者から独立した学術界の判断を、そして地球の「真実」を明確にするための手続きを、社会が信頼できるようにしなければならない。

　科学者たちは最近、「脅威の深刻さとその進行の速さを過小評価」しがちだった責任を認めるようになっている。理由の1つは、「統一見解の必要性が認識されている」ことにある[3]。争いを避けたいばかりに、ありもしない妥協点を見つけて、気候変動否定論者や中傷屋たちと取引しようとすれば、地球上の生命をきわめて大きな危険にさらすことになる。現在のような規模の環境危機に対処するには、新しい社会制度と連携が必要だ。そしてそ

ピーテル・ブリューゲルの《死の勝利》(1562年頃)。

れは、さまざまな学術分野、利益集団、各国政府、国際団体の間に必要な信頼と協力を生み出すに足る、堅固かつ柔軟なものでなければならない。

　温室効果ガスと地球の気温に関する膨大なデータセットと同様、過去の気候変動の事例研究から新たな知見が得られる可能性がある。興味深いことに、とりわけ示唆に富む事例研究の1つは、気温上昇ではなく低下（誤解を招く用語ではあるが、いわゆる「小氷期」）と、それに対する人間の反応に関するものだ。13世紀には、火山噴火や太陽放射のわずかな減少といった複数の要因により、北半球の各地で気温が低下し始めた。気温の低い状態は、19世紀に現在進行中の温暖化が始まるまで続いた。何の備えもしていなかったせいで、崩壊とはいかないまでも大きな損害を被った地域社会もあれば、適応して乗り切った社会もある。たとえば、多様な食料、商船隊、都市の慈善団体などを備えていたオランダ社会は柔軟に変化を遂げ、16世紀と17世紀の大半を通じて繁栄を謳歌した。この時代は、オランダの「黄金時代」として記憶されている[4]。

　環境歴史学者のダゴマー・デグルートによれば、そうした事例は、「偏見のない考え方で未来に向き合い……急進的な政策を導入し……現在あるものを維持するだけでなく、そのさらに先へ進み、子どもたちのため真により良い世界を約束する[5]」ことを、私たちに促しているという。デグルートが示唆する楽観主義は、ヘンドリック・アーフェルカンプの絵画《スケートをする人々のいる冬景色》（1608年頃）によく表れている。この絵には、氷の上で文字どおり踊るオランダの人々が描かれている。凍えるような気候とそれに伴う苦難にもかかわらず、人々は街路で楽しげに交流している。半世紀前にブリューゲルが《死の勝利》に描いた陰鬱な場面と比べると、なんという違いだろうか！

　人新世における政治の重要な課題は、大惨事を回避し、最善のシナリオへの希望を抱くことだ。未来に向けて、「グローバル」と「ジオロジック（地

ヘンドリック・アーフェルカンプの《スケートをする人々のいる冬景色》（1608年頃）。

「質学の)」の感覚を備えた有意義な地政学を実現す
るためには、絶滅の危機にある生物と環境につい
て深く理解すること、さまざまな連帯をとること、

何を優先しどう行動するかを入念に計画すること、
そしてもちろん、尽きない楽観主義、遊び心、外
交力が求められるのは言うまでもない。

年表

. . . .

● 紀元前 **200,000** 年
火の使用の始まり

● 紀元前 **9500** 年
主要作物の耕作の始まり

● 紀元前 **6300** 年
短期間の地球寒冷化

● 紀元前 **2250** 年
地球全体の大規模な干ばつ

● 紀元後 **1492** 年
コロンブス交換の始まり

● **1500** 年
プランテーション奴隷制度

● **1712** 年
英国で最初の蒸気機関開発

● **1778** 年
ビュフォン伯の『自然の諸時期』刊行

● **1800** 年
産業革命

● **1820** 年代
ジャン・バティスト・ジョゼフ・フーリエが地球の大気に
おける太陽の影響をめぐる仮説を提唱し、「温室効果」
を予測する

● **1858** 年
ダーウィンとウォレスが進化論を唱える

● **1860** 年代
「絶滅」の誕生

● **1865** 年
フラッキングの開始

● **1896** 年
スヴァンテ・アレニウスが温室効果を説明し、CO_2 増加
と地球温暖化を予測

● **1900** 年
プラスチックの開発

● **1913** 年
シャルル・ファブリとアンリ・ビュイソンがオゾン層を発
見

● **1936** 年
アラン・チューリングがコンピューター科学を開拓

● **1938** 年
ガイ・スチュワート・カレンダーが CO_2 増加を実証

● **1945** 年
ニューメキシコで世界初の原爆実験

● **1952** 年
ロザリンド・フランクリンが DNA の撮影に成功

1954年
初期の太陽光パネルの生産

1962年
レイチェル・カーソンの『沈黙の春』刊行

1967年
真鍋淑郎とリチャード・T・ウェザールドが地球の気候を
シミュレートする最初のコンピューターモデルを開発

1969年
アポロ11号が月面着陸。人類が初めて月面に降り立つ

1971年
ラムサール条約締結

1972年
12月7日、地球の「ブルー・マーブル」写真撮影

1980年代
アングロ・アメリカ型新自由主義の到来

1981年
ジェームズ・E・ハンセンらが人為起源の地球温暖化を
実証

1986年
チェルノブイリ原発事故が発生

1988年
気候変動に関する政府間パネル（IPCC）が発足

1992年
リオデジャネイロで最初の地球サミット

1997年
チャールズ・ムーア船長が太平洋でプラスチックスープ
を発見

2000年
「人新世」という語が提案される

2006年
プラスチックと自然の堆積物が融合したプラスティグロメ
レートがハワイのカミロビーチで発見される

2016年
「フェイクニュース」の誕生

2018年
エクスティンクション・レベリオンが設立。グレタ・トゥー
ンベリが世界中で若者たちによるデモを巻き起こす

2019年
国連が「100万種が絶滅の危機に?」と題した絶滅に
関する報告書を公開

2019年
オーストラリアで壊滅的な森林火災が発生し、観測史上
最高気温が記録される。アイスランドとスイスで、死ん
だ氷河の葬儀が行われる

2020年
新型コロナウイルス感染症により、空の交通と炭素排出
量が大きく減少する。この効果が継続するかどうかは、
本書執筆時点では不明である。

巻末注 ＊本文中の番号に対応。邦訳がある文献は、本文中で例示した場合がある。

1 はじめに：新たな時代

1 Dalby, Simon. 2016. "Framing the Anthropocene: The good, the bad and the ugly". *The Anthropocene Review* 3(1): 33–51. DOI: 10.1177/2053019615618681.
2 Sklair, Leslie. 2019. "Globalization and the challenge of the Anthropocene". In *Globalization*, edited by Ino Rossi. New York: Springer.
3 Sklair, Leslie. 2018. "The Anthropocene Media Project: Mass media human impacts of the Earth System". *Visions for Sustainability* 10. DOI: 10.13135/2384-8677/2740.
4 Quammen, David. 2020. "We made the Coronavirus epidemic". *New York Times*, 28 January, 2020.
Vidal, John. 2020. "'Tip of the iceberg': Is our destruction of nature responsible for Covid-19?" *The Guardian*, March 18, 2020.
5 Sanson, Ann. 2020. "Venice canals appear cleaner amid coronavirus lockdown". *The Art Newspaper*, March 17, 2020.

2 人新世をめぐる議論

1 Frisch, Max. 1980. *Man in the Holocene: A Story*. London: Dalkey Archive Press.
2 Worster, Donald ed. 1988. *The Ends of the Earth: Perspectives on Environmental History*. Cambridge: Cambridge University Press.
3 Marsh, George Perkins. (1864) 1965. *Man and Nature, or Physical Geography*. Cambridge: The Belknap Press of Harvard University Press.
4 Steffen, Will, Jacques Grinevald, Paul Crutzen and John McNeill. 2011. "The Anthropocene: Conceptual and historical perspectives". *Philosophical Transactions of the Royal Society* 369: 842-867.
5 Leclerc, Georges-Louis. 2018. *The Epochs of Nature*. Translated by Jan Zalasiewicz, Anne-Sophie Milon, Mateusz Zalasiewicz. Chicago: University of Chicago Press
Glacken, Clarence J. 1967. *Traces on the Rhodian Shore: Nature and Culture in Western Thought from Ancient Times to the End of the Eighteenth Century*. Berkeley: University of California Press.
6 Pálsson, Gísli, Szerszynski, Bronislaw, Sörlin, Sverker et al. 2013. "Reconceptualizing the 'Anthropos' in the Anthropocene: Integrating the social sciences and humanities in global environmental change research". *Environmental Science and Policy* 28: 3-13.
7 Kolbert, Elizabeth. 2019. "Age of Man: Enter the Anthropocene". *National Geographic*, July 5, 2019.
8 Zalasiewicz, Jan, Williams, M., Haywood, A., Ellis, M., 2011. "The Anthropocene: A new epoch of geological time?" *Philosophical Transactions of the Royal Society A: Mathematical, Physical and Engineering Sciences* 369: 835-841.
9 Showstack, Randy. 2013. "Scientists debate whether the Anthropocene should be a new geological epoch". *Eos* 94(4): 41-42.
10 Meyer, Robinson. 2018. "Geologic timekeepers are feuding: 'It's a bit like Monty Python.'" *The Atlantic*, July 20, 2018.
11 Brannen, Peter. 2019. "The Anthropocene is a joke". *The Atlantic*, August 14, 2019.
Santana, Carlos. 2019. "Waiting for the Anthropocene". *British Journal for the Philosophy of Science* 70: 1073-1096.

3 ディープタイムの認識

1 McPhee, John. 1981. *Basin and Range*. New York: FSG
Rudwick, Martin J.S. 2014. *Earth's Deep History: How It Was Discovered and Why It Matters*. Chicago: The University of Chicago Press.
Macfarlane, Robert. 2019. *Underland: A Deep Time Journey*. London: W.W. Norton & Company.

2 Winchester, Simon. 2001. *The Map That Changed the World*. London: Penguin Books.
3 Shubin, Niels. 2019. "Extinction in deep time: Lessons from the past". In *Biological Extinction: New Perspectives*, edited by Partha Dasgupta, Peter H. Raven and Anna L. McIvor, 22–33. Cambridge: Cambridge University Press.
4 Torrens, Hugh. 1995. "Mary Anning (1799–1847) of Lyme: The Greatest Fossilist the World Ever Knew". *The British Journal for the History of Science* 25(3): 257–284.
5 Hutton, James. 1788. "X. Theory of the Earth; or an Investigation of the Laws Observable in the Composition, Dissolution and Restoration of Land upon the Globe". *Transactions of the Royal Society of Edinburgh* 1 (2). Royal Society of Edinburgh Scotland Foundation: 209–304. doi:10.1017/S0080456800029227.
6 Wulf, Andrea. 2015. *The Invention of Nature: The Adventures of Alexander von Humboldt*. London: John Murray.
7 Gorman, James. 2019. "Humans dominated Earth earlier than previously thought". *New York Times*. 3 September, 2019.

4 初期の兆候と警告

1 Wikipedia. n.d. "History of climate change science". Accessed 13 November 2019. https://en.wikipedia.org/wiki/History_of_climate_change_science.
2 Mayewski, Paul Andrew and Frank White. 2002. *The Ice Chronicles: The Quest to Understand Global Climate Change*. Hanover: The University Press of New England.
3 Hansen, J., et al. 1981. "Climate impact of increasing atmospheric carbon dioxide". *Science* 213: 957-966 doi:10.1126/science.213.4511.957.
4 Lovelock, James E. 1979. *Gaia: A New Look at Life on Earth*. Oxford: Oxford University Press.

5 火と「長い人新世」

1 Eiseley, Loren. 1978. "Man the Firemaker". In *The Star Thrower*. New York: Hartcourt Brace Jovanovich.
2 Longrich, Nick. 2019. "Were other humans the first victims of the sixth mass extinction?" *The Conversation*, November 21, 2019.
3 Gorman, James. 2019. "Humans dominated Earth earlier than previously thought". *New York Times*, September 3, 2019.
4 Pyne, Stephen J. 2015. "The Fire Age". *Aeon*, May 5, 2015.
5 Crosby, Alfred. 1986. *Ecological Imperialism: The Biological Expansion of Europe, 900–1900*. Cambridge: Cambridge University Press.
6 Pálsson, Gísli. 2016. *The Man Who Stole Himself: The Slave Odyssey of Hans Jonathan*. Translated by Anna Yates. Chicago: University of Chicago Press.

6 消えゆく種の悲しい運命

1 Braun, Ingmar M. 2018. "Representations of birds in the Eurasian Upper Palaeolithic Ice Age Art". *Boletim do Centro Português de Geo-História e Pré-História* 1(2): 13–21.
2 Grieve, Symington. (1885) 2015. *The Great Auk, or Garefowl*. Cambridge: Cambridge University Press.
3 Pálsson, Gísli. 2020. *Fuglinn sem gat ekki flogið*. Reykjavík: Mál og menning.
4 Wolley, John. 1858. *Gare-Fowl Books*. Manuscript. From Cambridge University Library. MS Add. 9839/2/1–5/1. hl., 110.
5 Kingsley, Charles. (1863) 2003. *The Water-Babies*. Nottinghamshire: Award Publications Ltd.
6 Thomas, Jessica E. et al. 2019. "Demographic reconstruction from ancient DNA supports rapid extinction of the great auk". *eLife* 2019;8:e47509. DOI: 10.7554/eLife.47509.

7 絶滅と "エンドリング" の誕生

1 Greene, John. 1959. *The Death of Adam: Evolution and Its Impact on Western Thought*. Ames: Iowa State University.
2 Leclerc, Georges-Louis. 2018. *The Epochs of Nature*. Translated by Jan Zalasiewicz, Anne-Sophie Milon, Mateusz Zalasiewicz. Chicago: University of Chicago Press
3 Newton, Alfred. 1896. "Extermination". In *Dictionary of Birds*, 214–229. London: Adam and Charles Black.
4 Cowles, Henry M. 2013. "A Victorian extinction: Alfred Newton and the evolution of animal protection". *British Society for the History of Science* 46(4): 695–714.
5 Bargheer, Stefan. 2018. "The sociology of morality as ecology of mind: Justifications for conservation and the international law for the protection of birds in Europe". *European Journal of Sociology* 59(1): 63–89.
6 Wollaston, A.F.R. 1921. *Life of Alfred Newton*. London: John Murray.
7 Marsh, George Perkins. 1867. *Man and Nature: On Physical Geography as Modified By Human Action*. New York: Charles Scribner & Co.
8 Jørgensen, Dolly. 2017. "Endling, the power of the last in an extinction-prone world". *Environmental Philosophy* 14(1): 119–138. doi:10.5840/envirophil201612542
Nijhuis, Michelle. 2017. "What do you call the last of a species?" *The New Yorker*, March 2, 2017.
9 Jacobs, Julia. 2019. "George the snail, believed to be the last of his species, dies at 14 in Hawaii". *New York Times*, January 10, 2019.

8 産業革命の時代へ

1 Simmons, I.G. 1989. *Changing the Face of the Earth: Culture, Environment, History*. Oxford: Basli Blackwell.
2 Dickens, Charles. 1850. *David Copperfield*. London: Bradbury & Evans.
3 Merchant, Caroline. 2006. "The Scientific Revolution and *The Death of Nature*". *Isis* 97(3): 513–533.
4 Schwab, Klaus. 2015. "The Fourth Industrial Revolution". *Foreign Affairs*, December 12, 2015.
5 Wired. 2015. "8 cities that show you what the future will look like": Accessed December 19, 2019. https://www.wired.com/2015/09/design-issue-future-of-cities/

9 核の時代

1 Battaglia, Debbora, ed. 2005. *E.T. Culture: Anthropology in Outerspaces*. Durham: Duke University Press
Finney, Ben R. and Eric M. Jones, eds. 1985. *Interstellar Migration and the Human Experience*. Berkeley: University of California Press.
2 Than, Ker. 2016. "The Age of Humans: Living in the Anthropocene". *Smithsonian Magazine*, January 7, 2016.
3 Fiorini, Ettore. 2014. "Nuclear energy and Anthropocene". *Rendiconti Licncei: Scienze Fisiche e Naturali* 25: 119–126.
4 Simmons, I.G. 1989. *Changing the Face of the Earth: Culture, Environment, History*. Oxford: Basil Blackwell.
5 Alexievich, Svetlana. 2005. *Voices from Chernobyl: The Oral History of a Nuclear Disaster*. Translated by Keith Gessen. Champaign: Dalkey Archive Press.
6 Petryna, Adriana. 2013. *Life Exposed: Biological Citizens after Chernobyl*. Princeton: Princeton University Press.
7 Ibid.
8 Codignola, Luca and Schrogl, Kai-Uwe eds. 2009. *Humans in Outer Space: Interdisciplinary Odysseys*. New York: Springer.

10 湿地の干拓

1 Huijbens, Edward and Gísli Pálsson. 2009. "The bog in our brain and bowels: Social attitudes to the cartography of Icelandic wetlands". *Environment and Planning D: Society and Space* 27: 296–316
Fraser, L.H. and P.A. Keddy. 2005. "The future of large wetlands: A global perspective". In *The World's Largest Wetlands: Ecology and Conservation*, edited by L.H. Fraser and P.A. Keddy, 446-68. Cambridge: Cambridge University Press.
Mundy, Vincent. 2019. "Mother Nature recovers amazingly fast: Reviving Ukraine's wetlands". *The Guardian*, December 27, 2019.
2 Swift, Graham. 1983. *Waterland*. New York: Washington Square Press.
3 Thoreau. 1856. Quoted in H. Prince. 1997. *Wetlands of the American Midwest: A Historical Geography of Changing Attitudes*. Chicago: The University of Chicago Press.
4 Constanza Robert et al. 1997. "The value of the world's ecosystem services and natural capital". *Nature* 387: 253-260.

5 White, R. 1996. *The organic machine*. New York: Hill and Wang.
6 Mitsch, W.J. and J.G. Gosselink. 2007. *Wetlands*. Hoboken: John Wiley & Sons. P. 353.
7 Strang, Veronica. 2005. "Common senses: Water, sensory experience and the generation of meaning". *Journal of Material Culture* 10: 92-120.
8 Huijbens, Edward H. and Gísli Pálsson. 2009. "The bog in our brain and bowels: Social attitudes to the cartography of Icelandic wetlands". *Environment and Planning D: Society and Space* 27: 296-316.
9 Mundy, Vincent. 2019. "Mother Nature recovers amazingly fast: Reviving Ukraine's wetlands". *The Guardian*, December 27, 2019.
10 IPCC. 2019. *Climate Change and Land*. Accessed: December 9, 2019. https://www.ipcc.ch/site/assets/uploads/2019/08/4.-SPM_Approved_Microsite_FINAL.pdf.

11 プラスチック：出汁とスープと島

1 Meloni, Maurizio. 2019. *Impressionable Biologies: From the Archaeology to Plasiticity to the Sociology of Epigenetics*. New York: Routledge.
2 Abbing, Michiel Roscam. 2019. *Plastic Soup: An Atlas of Ocean Pollution*. Washington: Island Press.
3 Schlanger, Zoë. 2019. "Yes, there's microplastic in the snow". *Quartz*. Accessed December 25, 2019. https://www.sciencedirect.com/science/article/pii/S221330541930044X?via percent3Dihub.
4 Carrington, Damian. 2019. "Revealed: Microplastic pollution raining down on city dwellers". *The Guardian*, December 27, 2019.
5 Carrington, Damian. 2019. "After bronze and iron, welcome to the plastic age, say scientists". *The Guardian*, September 4, 2019.
6 Wikipedia. n.d. "Plastiglomerate". Accessed December 27, 2019. https://en.wikipedia.org/wiki/Plastiglomerate.
7 Smith, Roberta, n.d. Quoted in Christie's. 2019. "*Rabbit* by Jeff Koons – a chance to own the controversy". *Christie's*. Accessed December 28, 2019. https://www.christies.com/features/Jeff-Koons-Rabbit-Own-the-controversy-9804-3.aspx. Opened on
8 Created with a team of local volunteers and artisans including Cyntault Creations, Tamsen Rae, Clara Cloutier and Jean-Michel Cholett.

12 スーパーヒート

1 Worster, Donald ed. 1988. *The Ends of the Earth: Perspectives on Environmental History*. Cambridge: Cambridge University Press.
2 Leclerc, Georges-Louis. 2018. *The Epochs of Nature*. Translated by Jan Zalasiewicz, Anne-Sophie Milon, Mateusz Zalasiewicz. Chicago: University of Chicago Press.
3 Leclerc, Georges-Louis. 2018. *The Epochs of Nature*. Translated by Jan Zalasiewicz, Anne-Sophie Milon, Mateusz Zalasiewicz. Chicago: University of Chicago Press.
4 Zalasiewicz, Jan et al. 2018. "Introduction". In *The Epochs of Nature*. Translated and edited by Jan Zalasiewicz, Anne-Sophie Milon and Mateusz Zalasiewicz, p.xiv. Chicago: University of Chicago Press.
5 Fountain, Henry and Nadja Popovich. 2020. "2019 was the second-hottest year ever, closing out the warmest decade". *New York Times*, January 15, 2020.
6 Nuccitelli, Dana. 2019. "Climate models have accurately predicted global heating, study finds". *The Guardian*, December 4, 2019.
7 Fagan, Brian. 2008. *The Great Warming: Climate Change and the Rise and Fall of Civilizations*. New York: Bloomsbury Press.
8 Eriksen, Thomas Hylland. 2019. *Overheating: An Anthropology of Accelerated Change*. London: Pluto Press.
9 Karlsruhe Institute of Technology. 2019. "Crowd oil – fuels from air-conditioning". *Phys.Org*. Accessed May 6 2019. https://phys.org/news/2019-05-crowd-oilfuels-air-conditioning.html.

13 氷河の最期

1 Ladurie, Emmanuel Le Roy. 1971. *Times of Feast, Times of Famine: A History of Climate Since the Year 1000*. New York: Doubleday.
Cruikshank, Julie. 2005. *Do Glaciers Listen?: Local Knowledge, Global Encounters, & Social Imagination*. Vancouver: UBC Press.
2 Orlove, Benjamin, Ellen Wiegandt and Brian H. Luckman eds. 2008. *Darkening Peaks: Glacier Retreat, Science, and Society*. Berkeley: University of California Press.
3 Galey, Patrick. 2019. "Amazon fires 'quicken Andean glacier melt.'" *Phys.org*. Accessed November 28, 2019. https://phys.org/news/2019-11-amazon-andean-glacier.html
4 Adhikari, Surendra and Erik R. Ivins. 2016. "Climate-driven polar

motion: 2003 – 2015". *Science Advances* 8 April, 2: e1501693.
5 Goodell, Jeff. 2019. "Why Venice is disappearing". *Rolling Stone*. Accessed: November 15, 2019. https://www.rollingstone.com/politics/politics-news/venice-flooding-2019-mose-corruption-913175/
6 McDougall, Dan. 2019. "'Ecological grief: Greenland residents traumatized by climate emergency". *The Guardian*, August 12, 2019.
7 Taylor, Alan. 2016. "Peru's Snow Star Festival". *The Atlantic* June 7, 2016
   Wikipedia. n.d. *Quyllurit'i*. Accessed January 13, 2020. https://en.wikipedia.org/wiki/Quyllurit%27i.
8 Siad, Arnaud and Amy Woodyatt. 2019. "Hundreds mourn 'dead' glacier at funeral in Switzerland". *CNN*, September 22, 2019. Accessed January 13, 2020. https://edition.cnn.com/2019/09/22/europe/swiss-glacier-funeral-intl-scli/index.html.
9 Björnsson, Helgi. 2017. *The Glaciers of Iceland: A Historical, Cultural and Scientific Overview*. New York: Springer.
10 Mayewski, Paul Andrew and Frank White. 2002. *The Ice Chronicles: The Quest to Understand Global Climatic Change*. Hanover, NH: University Press of New England.
11 World Ocean Observatory. 2019. "A stunning art installation showing projected sea-level rise". *World Ocean Forum*. Accessed: March 13, 2019. https://medium.com/world-ocean-forum/a-stunning-art-installation-showing-projected-sea-level-rise-fc05ef1825cd.

14 異常気象

1 Strauss, Sarah and Benjamin S. Orlove eds. 2003. *Weather, Climate, Culture*. Oxford: Berg Publishers.
2 Foer, Jonathan Safran. 2019. *We Are the Weather: Saving the Planet Begins at Breakfast*. New York: Farrar, Straus and Giroux.
3 Ogilvie, Astrid E.J. and Gísli Pálsson. 2003. "Mood, magic and metaphor: Allusions to weather and climate in the *Sagas of Icelanders*". In *Weather, Climate, Culture*, edited by Sara Strauss and Benjamin S. Orlove, 251-274. Oxford: Berg Publishers.
4 Wikipedia. n.d. "Tropical cyclone". Accessed: January 22, 2020. https://en.wikipedia.org/wiki/Tropical_cyclone.
5 Mir Emad Mousavi, Jennifer L. Irish, Ashley E. Frey et al. 2011. "Global warming and hurricanes: The potential impact of hurricane intensification and sea level rise on coastal flooding". *Climatic Change* 104: 575–597.
6 Nevárez, Julia. 2018. *Governing Disaster in Urban Environments: Climate Change Preparation and Adaption after Hurricane Sandy*. New York: Lexington Books
   Wikipedia. n.d. "Hurricane Katrina". Accessed January 22, 2020. https://en.wikipedia.org/wiki/Hurricane_Katrina
7 Masters, Jeff. 2019. "A Review of the Atlantic Hurricane Season of 2019". *Scientific American*, November 25, 2019.
8 Flavelle, Christopher. 2020. "Conservative states seem billions to brave for disaster. Just don't call it climate change". *New York Times*, January 20, 2020.
9 Masco, Joseph. 2010. "Bad weather: On planetary crisis". *Social Studies of Science* 40(1): 7–40. P. 9.
10 Ibid. P. 26.

15 火山の噴火

1 Ellsworth, William L. 2013. "Injection-induced earthquakes". *Science* 341 (6142). DOI: 10.1126/science.1225942.
2 Pálsson, Gísli. 2020. *Down to Earth: A Memoir*. Galeto: Punctum Books.
3 Sneed, Annie. 2017. "Get ready for more volcanic eruptions as the planet warms". *Scientific American*, December 21, 2017
   Swindles, Graeme T., Elizabeth J. Watson, Ivan P. Savov et al. 2018. "Climate control on Icelandic volcanic activity during the mid-Holocene". *Geology* 46(1): 47–50.
4 Pagli, Carolina and Freysteinn Sigmundsson. 2008. "Will present day glacier retreat increase volcanic activity? Stress induced by recent glacier retreat and its effect on magmatism at the Vatnajökull Ice Cap, Iceland". *Geophys. Res. Lett.*, 35: 1–5.
5 Compton, Kathleen, Richard A. Bennett and Sigrún Hreinsdóttir. 2015. "Climate-driven vertical acceleration of Icelandic crust measured by continuous GPS geodesy". *Geophysical Research Letters* 42(3), 743–750. https://doi.org/10.1002/2014GL062446
   Goldenberg, Suzanne. 2015. "Climate change is lifting Iceland". *The Guardian*, January 30, 2015
   Anon. 2015. "Iceland rises as its glaciers melt from climate action". *Astrobiology Magazine*. January 30, 2020.

6 Holmberg, Karen. 2020. "Inside the Anthropocene volcano". In *Critical Zones: The Science and Politics of Landing on Earth*, edited by Bruno Latour and Peter Weibel. Cambridge: MIT Press.
   Halperin, Ilana, et al. "Hand held lava: On the sight of towering, pyramid rocks, from Hawaii to Vesuvius to Grimsvotn". Performance art hosted by Triple Canopy, Brooklyn, New York, October 8, 2010, https://www.canopycanopycanopy.com/contents/hand_held_lava.
7 Hayoun, Nelly Ben. 2010. *The Other Volcano*. Accessed January 16, 2020. http://nellyben.com/projects/the-other-volcano/

16 崩壊寸前の海

1 Probyn, Elsbeth. 2016. *Eating the Ocean*. Durham: Duke University Press.
2 Fagan, Brian. 2012. *Beyond the Blue Horizon: How the Earliest Mariners Unlocked the Secrets of the Oceans*. New York: Bloomsbury Press.
3 Astrup, Poul, Peter Bie and Hans Chr. Engell. 1993. *Salt and Water in Culture and Medicine*. Copenhagen: Munksgaard.
4 Stott, Rebecca. 2000. "Through a glass darkly: Aquarium colonies and nineteenth-century narratives of marine monstrosity". *Gothic Studies* 2(23): 305–327.
5 Pálsson, Gísli. 2006. "Nature and society in the age of postmodernity". In *Reimagining Political Ecology*, edited by Aletta Biersack and James Greenberg, 70–93. Durham: Duke University Press.
6 McCay, Bonnie J. and James M. Acheson eds. 1987. *The Question of the Commons: The Culture and Ecology of Communal Resources*. Tucson: University of Arizona Press.
7 Carson, Rachel. (1955) 1998. Illustrations Robert W. Hines. Boston: Mariner Books.
   Lepore, Jill. 2018. "The right way to remember Rachel Carson". *The New Yorker*, March 26 2018.
8 Carrington, Damian. 2019. "Ocean acidification can cause mass extinction, fossils reveal". *The Guardian*, October 21, 2019.
   Harvey, Fiona. 2019. "Oceans losing oxygen at unprecedented rate, experts warn". *The Guardian*, December 7, 2019.
   Bates, N.R., Y.M. Astor, M.J. Church et al. 2014. "A time-series view of changing surface ocean chemistry due to ocean uptake of CO_2 and ocean acidification". *Oceanography* 27(1).
9 Fecht, Sarah. 2019. "Changes in the ocean 'conveyor belt' foretold abrupt climate changes by four centuries". *Earth Institute*. Accessed March 20, 2019. https://blogs.ei.columbia.edu/2019/03/20/amoc-ocean-conveyor-belt-climate-change/
10 Hylton, Wil S., 2020. "History's largest mining operation is about to begin: It's underwater – and the consequences are unimaginable". *The Atlantic*, January/February 2020.

17 社会的不平等

1 Chakrabarty, Dipesh. 2009. "The climate of history: Four theses". *Critical Inquiry* 35: 197–222.
2 Malm, Andreas and Alf Hornborg. 2014. "The geology of mankind? A critique of the Anthropocene narrative". *The Anthropocene Review* 1(1): 62–69.doi: https://doi.org/10.1177/2053019613516291.
3 Chakrabarty, Dipesh. 2012. "Postcolonial studies and the challenge of climate change". *New Literary History* 43(1): 1–18.
   Chakrabarty, Dipesh. 2017. "The politics of climate change is more than the politics of capitalism". *Theory, Culture & Society* 34(2–3): 25–37.
4 Howe, Cymen and Anand Pandin eds. 2020. *Anthropocene Unseen: A Lexicon*. Punctum Books. Goleta: Punctum Books.
   Crate, Susan A. and Mark Nuttall. 2009. *Anthropology and Climate Change: From Encounters to Actions*. Walnut Creek: Left Coast Press.
   Wainwright, Joel and Feoff Mann. 2018. *The Climate Leviathan: A Political Theory of Our Planetary Future*. London: Verso.
5 Neate, Rubert. 2020. "Luxury travel: 50 wealthy tourists, eight countries … one giant carbon footprint". *The Guardian*, January 20, 2020.
6 Purdy, Jedediah. 2019. *This Land is Our Land: The Struggle for a New Commonwealth*. Princeton: Princeton University Press.
7 UN News. 2019. "World faces 'climate apartheid' risk, 120 more million in poverty: UN expert". United Nations. Accessed May 12 2020. https://news.un.org/en/story/2019/06/1041261
8 Grusin, Richard ed. 2017. *Anthropocene Feminism*. Minneapolis: University of Minnesota Press.
9 Singh, Ilina. 2012. "Human development, nature and nurture: Working beyond the divide". *BioSocieties* 7: 308–321.
10 Lock, Margaret and Gísli Pálsson. 2016. *Can Science Resolve the*

Nature/Nurture Debate? Cambridge:Polity Press.

18 北の人新世と南の人新世

1   Chakrabarty, Dipesh. 2012. "Postcolonial studies and the challenge of climate change". *New Literary History* 43(1): 1–18.
    Thomas, Julia Adeney. 2014. "History and biology in the Anthropocene: Problems of scale, problems of value". *American Historical Review* December: 1587–1607.
2   Moore, Jason. 2013. *Anthropocene or Capitalocene? Nature, History, and the Crisis of Capitalism.* Oakland: PM Press
    Tsing, Anna et al eds. 2017. *Arts of Living on a Damaged Planet: Ghosts and Monsters of the Anthropocene.* Minneapolis, MN: University of Minnesota Press.
3   Hann, Chris. 2017. "The Anthropocene and anthropology: Micro and macro perspectives". *European Journal of Social Theory* 20(1):183–196.
4   Pletsch, Carl E. 1981. "The three worlds, or the division of social scientific labor, circa 1950-1975". *Comparative Studies in Society and History* 23(4): 565–90.
5   Hecht, Gabrielle. 2018. "The African Anthropocene". *Aeon Essays.* Accessed February 6 2020. https://aeon.co/essays/if-we-talk-about-hurting-our-planet-who-exactly-is-the-we.
6   Hecht, Gabrielle. 2014. *Being Nuclear: Africans and the Global Uranium Trade.* Cambridge: The MIT Press.
7   Hecht, Gabrielle. 2018. "The African Anthropocene". *Aeon Essays.* Accessed February 6 2020. https://aeon.co/essays/if-we-talk-about-hurting-our-planet-who-exactly-is-the-we.
8   Kalmoy, Abdirashid Diriye. 2019. "The African Anthropocene: The making of a Western environmental crisis". *The New Turkey,* August 5 2019.
9   Dutt, Kuheli. 2020. "Race and racism in the geosciences". *Nature Geoscience* 13, 2–3 (2020). https://doi.org/10.1038/s41561-019-0519-z.
    Goldberg, Emma. 2019. "Earth science has a Whiteness problem". *New York Times* December 23 2019.
10 Pronczuk, Monika. 2020. "How the Venice of Africa is losing its battle against the rising ocean". *The Guardian,* January 28 2020.

19 第6の大量絶滅

1   Purvis, Andy. n.d. "A million threatened species? Thirteen questions and answers". *IPBES.* Accessed August 19 2019. https://www.ipbes.net/news/million-threatened-species-thirteen-questions-answers.
2   Kolbert, Elizabeth. 2014. *The Sixth Extinction: An Unnatural History.* New York: Henry Holt & Company.
3   Simmons. I.G. 1989. *Changing the Face of the Earth: Culture, Environment, History.* Oxford: Basil Blackwell.
4   Moynihan, Thomas. 2019. *Spinal Catastrophism: A Secret History.* Cambridge: MIT Press.
5   May, Todd. 2018. "Would Human Extinction Be a Tragedy?" *New York Times* December 17 2018.
6   van Dooren, Thom. 2014. *Flight Ways: Life and Loss at the Edge of Extinction.* New York: Columbia University Press.
7   Rose, Deborah Bird. 2013. "Slowly – writing into the Anthropocene". In *TEXT Special Issue 20: Writing Creates Ecology and Ecology Creates Writing,* edited by Martin Harrison et al. http://www.textjournal.com.au/speciss/issue20/content.html.
8   Center for Biological Diversity, Arizona. Endangered Species Condoms. Accessed 20 August 2019. https://www.endangeredspeciescondoms.com/condoms.html.

20 無知と否定

1   McGoey, Linsey. 2019. *The Unknowers: How Strategic Ignorance Rules the World.* London: Zed Books.
2   Carson, Rachel. 2018. *Silent Spring and Other Environmental Writings.* New York: Library of America.
3   Proctor, Robert N. 2012. *Golden Holocaust: Origins of the Cigarette Catastrophe and the Case for Abolition.* Berkeley: University of California Press.
4   Maslin, Mark. 2019. "Here are five of the main reasons people continue to deny climate change". *The Conversation,* November 30 2019.
5   Feik, Nick. 2020. "A national disaster". *The Monthly,* January 7 2020.
6   Samios, Zoe and Andrew Hornery. 2020. "'Dangerous, misinformation': News Corp employee's fire coverage email". *The Sydney Morning Herald.* January 10 2020.
7   Griffiths, Tom. 2020. "Savage summer". *Inside Story,* January 8 2020.
8   Williamson, Bhiamie, Jessica Weir, and Vanessa Cavanagh. 2020.

"Strength from perpetual grief: How Aboriginal people experience the bushfire crisis". *The Conversation,* January 10 2020.
9   Wikipedia. n.d. "Björn Lomborg". Accessed January 10, 2020. https://en.wikipedia.org/wiki/Bjørn_Lomborg.
10 Lomborg, Bjorn. "Thought control". *The Economist,* January 9 2003.
11 Krugman, Paul. 2020. "Australia shows us the road to hell". *New York Times,* January 9 2020.
12 Knaus, Christopher. 2020. "Disinformation and lies are spreading faster than Australia's bushfires". *The Guardian,* January 11 2020.
13 Maslin, Mark. 2019. "Here are five of the main reasons people continue to deny climate change". *The Conversation,* November 30 2019.
14 Milman, Oliver. 2020. "Revealed: Quarter of all tweets about climate crisis produced by bots". *The Guardian,* February 21 2020.
15 Wagner, Wendy, Elizabeth Fisher, and Pasky Pascual. 2018. "Whose science? A new era in regulatory science wars". *Science* 362(6415): 636-639.
    Plumer, Brad and Coral Davenport. 2019. "Science under attack: How Trump is sidelining researchers and their work". *New York Times* , December 28 2019.

21 大地と人間の一体性

1   Gurevich, Aron. 1992. *Historical Anthropology of the Middle Ages.* Edited by J. Howlett. Oxford: Polity Press.
2   Panowski, Erwin. 1991. *Perspective as Symbolic Form.* Translated by Christopher S. Wood. London: Zone Books.
3   Gudeman, Stephen and Alberto Rivera. 1990. *Conversations in Columbia: The Domestic Economy in Life and Text.* Cambridge: Cambridge University Press.
4   Halperin, Ilana. 2013. "Autobiographical trace fossils". In *Making the Geologic Now: Responses to Material Conditions of Contemporary Life,* edited by Elizabeth Ellsworth and Jamie Kruse. Brooklyn: Punctum Books.
5   Bennett, Jane. 2010. *Vibrant Matter: A Political Ecology of Things.* Durham: Duke University Press.
6   Margulis, Lynn and Dorion Sagan. 1995. *What is Life?* Berkeley: University of California Press.
7   Pálsson, Gísli and Heather Anne Swanson. 2016. "Down to Earth: Geosocialities and Geopolitics". *Environmental Humanities* 8(2): 149–171.
8   Waldman, Johnny. 2016. "The Japanese museum of rocks that look like faces". *Colossal.* Accessed January, 2020. https://www.thisiscolossal.com/2016/11/the-japanese-museum-of-rocks-that-look-like-faces/

22 溶岩を固める試み

1   Marsh, George Perkins. 1965. *Man and Nature.* Edited David Lowenthal. Cambridge: Harvard University Press.
2   Pálsson, Gísli and Heather Anne Swanson. 2016. "Down to Earth: Geosocialities and Geopolitics". *Environmental Humanities* 8(2): 149–171.
    Pálsson, Gísli. 2020. *Down to Earth: A Memoir.* Goleta: Punctum Books.
3   McPhee, John. 1989. "Cooling the lava". In *The Control of Nature,* 95-179. New York: Farrar Straus Giroux.
4   McPhee, John. 1989. "Cooling the lava". In *The Control of Nature,* 95-179. New York: Farrar Straus Giroux.

23 失われたチャンス

1   Cronon, William. 1996. *Uncommon Ground: Rethinking the Human Place in Nature.* New York: W.W. Norton & Company.
2   Langematz, Ulrike. 2019. "Stratospheric ozone: Down and up through the anthropocene". *ChemTexts* 5: 1–8.
3   Blakemore, Erin. 2016. "The ozone hole was super scary, so what happened to it?" *Smithsonian Magazine,* January 13 2016
    Grinspoon, David. 2016. *Earth in Human Hands: Shaping Our Planet's Future.* New York: Grand Central Publishing.
    Harper, Charles L. 1996. *Environment and Society: Human Perspectices on Environmental Issues.* Upper Saddle River: Prentice Hall.
4   Skydstrup, Martin. 2013. "Trickled or troubled natures? How to make sense of 'climategate.'" *Environmental Science & Policy* 28: 92–99.
    Sheppard, Kate. 2011. "Climategate: What really happened?" *Mother Jones,* April 21 2011.

24 地球のエンジニアリング

1   Feshbach, Herman, Tetsuo Matsui, and Alexandra Oleson eds. 2014. *Niels Bohr: Physics and the World.* London: Routledge.
2   Masco, Joseph. 2010. "Bad weather: On planetary crisis". *Social*

    Studies of Science. 40(1): 7-70.

3 Hawken, Paul ed. 2017. *Drawdown: The Most Comprehensive Plan Ever Proposed to Reverse Global Warming.* London: Penguin.

4 Harper, Charles L. 1996. *Environment and Society: Human Perspectices on Environmental Issues.* Upper Saddle River: Prentice Hall.

5 Pettifor, Ann. 2019. *The Case for the Green New Deal.* London: Verso Klein, Naomi. 2019. *On Fire: The (Burning) Case for a Green New Deal.* New York: Simon and Schuster.
Purdy, Jedediah. 2019. *This Land is Our Land: The Struggle for a New Commonwealth.* Princeton: Princeton University Press.

6 Buck, Holly Jean. 2019. *After Engineering: Climate Tragedy, Repair, and Restoration.* London: Verso.

7 Macfarlane, Robert. 2018. *Underland: A Deep Time Journey.* London: Penguin
Magnason, Andri Snær. 2020. *On Time and Water.* In press.

8 Frisch, Max. 1980. *Man in the Holocene: A Story.* London: Dalkey Archive Press.

9 Zarin, Cynthia. 2015. "The artist who is bringing icebergs to Paris". *The New Yorker,* December 2015.

10 Ckakrabarty, Dipesh. 2009. "The climate of history: Four theses". *Critical Inquiry* 35(2): 197–222
Santana, Carlos. 2019. "Waiting for the Anthropocene". *Brit. J. Phil. Sci* 70: 1073–1096.
Clark, Nigel and Bronislaw Szerszynski. 2020. *Planetary Social Thought: The Anthropocene Challenge to the Social Sciences.* Oxford: Polity Press.

11 Arendt, Hannah. 1958. *The Human Condition.* Chicago: University of Chicago Press.

12 Szerszynski, Bronislaw. 2003. "Technology, performance, and life itself: Hannah Arendt and the fate of nature". *Sociological Review* 51: 2013–218
Pálsson, Gísli, Bronislaw Szerszynski, Sverker Sörlin et al. 2013. "Reconceptualizing the 'Anthropos' in the Anthropocene: Integrating the social sciences and humanities in global environmental change research". *Environmental Science and Policy* 28: 3-13.

25 炭素固定と時間稼ぎ

1 Elder, W. A. 2014. "Drilling into magma and the implications of the Icelandic Deep Drill Drilling Project (IDDP) for high-temperature geothermal systems worldwide". *Geothermics* 49: 111-118.

2 Clark, Nigel, Alexandra Gormally, and Hugh Tuffen. 2018. "Speculative volcanology: Time, becoming, and violence in encounters with magma". *Environmental Humanities* 10(1): 274-294.

3 CarbFix. n.d. Accessed January 24, 2020. https://www.carbfix.com.

4 Snæbjörnsdóttir, Sandra Ó, Bergur Sigfússon, Chiara Marieni et al. 2020. "Carbon dioxide storage through mineral carbonation". *Nature Reviews,* January 20 2020. doi: doi.org/10.1038/s43017-019-0011-8.

5 Gislason, Sigurdur and Eric H. Oelkers. 2014. "Carbon storage in basalt". *Science* 344 (April 25): 373–374.

6 Gunnarsson, Ingvi, Edda S. Aradóttir, Eric H. Oelkers et al. 2019. "The rapid and cost-effective capture and surface mineral storage of carbon and sulfur at the CarbFix2 site". *International Journal of Greenhouse Gas Control* 79: 117–126.

7 Snæbjörnsdóttir, Sandra Ó, Bergur Sigfússon, Chiara Marieni et al. 2020. "Carbon dioxide storage through mineral carbonation". *Nature Reviews,* January 20 2020. doi: doi.org/10.1038/s43017-019-0011-8.

8 Big Sky Carbon Sequestration Partnership. "Basalt Pilot Project". Accessed January 24, 2020. https://www.bigskyco2.org/research/geologic/basaltproject.

9 Snæbjörnsdóttir, Sandra Ó, Bergur Sigfússon, Chiara Marieni et al. 2020. "Carbon dioxide storage through mineral carbonation". *Nature Reviews,* January 20 2020. doi: doi.org/10.1038/s43017-019-0011-8.

10 Snæbjörnsdóttir, Sandra Ó, Bergur Sigfússon, Chiara Marieni et al. 2020. "Carbon dioxide storage through mineral carbonation". *Nature Reviews,* January 20 2020. doi: doi.org/10.1038/s43017-019-0011-8.

11 This condensed account is partly based on an interview (January 23 2020) with one of the architects of the CarbFix project, Sigurður Reynir Gíslason, professor of geochemistry at the University of Iceland.

26 抗議活動

1 Walls, Laura Dassow. 2017. *Henry David Thoreau: A Life.* Chicago: The University of Chicago Press.

2 Walls, Laura Dassow. 2017. *Henry David Thoreau: A Life.* Chicago: The University of Chicago Press.

3 Extinction Rebellion. 2019. *This is Not a Drill: An Extinction Rebellion Handbook.* London: Penguin.

4 Hunziker, Robert. 2019. "Extinction Rebellion: What is it?" *countercurrents.org.* Accessed September 7 2019. https://countercurrents.org/2019/09/extinction-rebellion-what-is-it
Mackintosh, Eliza. 2019. "A psychedelic journey, a radical strategy and perfect timing". CNN, December 25 2019.

5 Interview with Cambridge activist, anthropologist Sarah Abel. October 2019.

6 Berg, Nate. 2020. "'We want a new Mayor!': Inside the Berlin city game for children". *The Guardian,* January 1 2020.

7 Alter, Charlotte, Suyin Haynes, and Justin Worland. 2019. "Time person of the year 2019: Greta Thunberg". *Time,* December.

27 ハウスキーピングとしての地政学

1 Wendt, Wolf Rainer. 2018. "House, state, and world fundamental concepts of societal governance in the West and East in comparison". *Asian Journal of German and European Studies* 3 (11): 1-13.

2 Hollingshead, A. B. 1940. "Human ecology and human society". *Ecological Monographs* 10(3): 354–366.

3 Pálsson, Gísli and Heather Anne Swanson. 2016. "Down to Earth: Geosocialities and geopolitics". *Environmental Humanities* 8(2): 149–171.

4 Dalby, Simon. 2014. "Rethinking geopolitics: Climate security in the Anthropocene". *Geopolicy* 5(1): 1-9.

5 Ernman, Malena, Greta Thunberg, Beata Thunberg, and Svante Thunberg. 2018. *Our House is on Fire: Scenes of a Family and a Planet in Crisis.* London: Penguin Books.

6 Prainsack, Barbara. 2017. *Personalized Medicine: Empowered Patients in the 21st Century?* New York: New York University Press
Prainsack, Barbara and Alena Buyx. 2011. *Solidarity: Reflections on an Emerging Concept in Bioethics.* London: Nuffield Council of Bioethics.

7 The New Stone Age. 2020. Accessed 6 March 2020. https://www.buildingcentre.co.uk/whats_on/exhibitions/the-new-stone-age-2020-02-27#part-of-series.
Wainwright, Oliver. 2020. "The miracle new sustainable product that's revolution architecture – Stone!" *The Guardian,* March 4 2020.

8 Gibson-Graham, J.K. 2011. "A feminist project of belonging for the Anthropocene". *Gender, Place & Culture* 18(1): 1–21
Prattico, Emilie. 2019. "Habermas and climate action". *Aeon,* December 18 2019.

9 Pettifor, Ann. 2019. *The Case for the Green New Deal.* London: Verso
Klein, Naomi. 2019. *On Fire: The (Burning) Case for a Green New Deal.* New York: Simon and Schuster
Purdy, Jedediah. 2019. *This Land is Our Land: The Struggle for a New Commonwealth.* Princeton: Princeton University Press.

10 Lenton, Timothy M. Johan Rockström, Owen Gaffney et al. 2019. "Climate tipping points – too risky to bet against". *Nature* 575: 592–595.

11 Leahy, Stephen. 2019. "Climate change driving entire planet to dangerous 'tipping points'". *National Geographic.* November 27 2019.

12 Connolly, William E. 2017. *Facing the Planetary: Entangled Humanism and the Politics of Swarming.* London: Duke University Press.

28 煙を吐く惑星

1 Dentith, Simon. 1995. *Bakhtinian Though: An Introductory Reader.* London: Routledge.

2 Lenton, Timothy M. Johan Rockström, Owen Gaffney et al. 2019. "Climate tipping points – too risky to bet against". *Nature* 575: 592–595.

3 Linden, Eugene. 2019. "How scientists got climate change so wrong". *The New York Times,* November 8 2019.

4 Degroot, Dagomar. 2018. *The Frigid Golden Age: Climate Change, the Little Ice Age, and the Dutch Republic, 1560–1720.* Cambridge: Cambridge University Press.

5 Degroot, Dagomar. 2019. "Little Ice Age lessons". *Aeon,* November 11 2019.

索引

用語が図版やそのキャプションにある場合はページ番号を太字で示す。

謝辞

　過去20年ほどにわたり、人新世とその関連テーマをめぐる私の研究に出資してくれたアイスランド研究センター（Rannís）とアイスランド大学研究ファンドに感謝する。研究中は、オスロの先進研究センター（CAS）とケンブリッジ大学およびコペンハーゲン大学の人類学部での短期滞在の恩恵にあずかった。何かしらの称賛に値する人は数知れない。友人、同僚、共同研究者、通訳・翻訳者、助言者、そのほかの大切な方々が、重要な資料に私の注意を向けさせ、熱意あふれる議論を生み、直接的にも間接的にも、本書の構築と執筆に役立つアイデアを膨らませてくれた。とりわけ、次の方々に感謝する（全員の名はとても書ききれない）。サラ・アベル、ドミニク・ボイヤー、ナンシー・マリー・ブラウン、フィヌル・ウルフ・デルセン、カトリナ・ダウンズ＝ローズ、ポール・ドゥレンベルガー、ニールス・エイナーソン、シーグルズル・レイニル・ギースラソン、スティーヴン・グードマン、グルーニー・S・グズビョルンズドッティル、シーグルズル・オルン・グズビョルンソン、アリ・トロスティ・グズムンドソン、クリステ・ハストルプ、イラナ・ハルペリン、シェ・ホーク、カレン・ホルムバーグ、エドワード・H・ハーベンス、ヨン・ハウクル・インギムンダルソン、ティム・インゴルド、ウラジマル・レイフソン、マリアンヌ・エリザベス・リアン、オゥルン・D・ヨウンソン、ボニー・マッケイ、サラ・キーン・メルツォフ、アストリッド・オグルヴィー、アンドリ・スナー・マグナソン、バーバラ・プレインサック、エルスペス・プロビン、ヒュー・ラッフルズ、ヘザー・アン・スワンソン、シメン・ハウ、ブロニスラフ・シェルジンスキー、スベルケル・ソルラン、トム・バン・ドゥーレン、ヘンドリック・ワーヘナール、アンナ・イェイツ。最後に、ウェルベックとそのスタッフ、とりわけイザベル・ウィルキンソンに、本書に取り組む機会を与えていただいたことを感謝する。彼女たちの励ましと導きは、本書の構想と制作プロセスにおいてかけがえのないものだった。

C R E D I T S

アリゾナ州グランドキャニオン国立公園の壮大な岩肌に朝日のさす様子。

謝辞・CREDITS

著者
ギスリ・パルソン Gísli Pálsson
1949年、アイスランド・ヴェストマン諸島生まれ。アイスランドの人類学者で、とくに環境問題と人権の関わりに取り組む。マンチェスター大学で博士号（社会人類学、ティム・インゴルドが主査）を取得。アイスランド大学で長らく研究と教育にあたる。現在は同大学名誉教授。英国王立人類学協会（RAI）名誉フェロー。2000年にローゼンスティール海洋科学賞を受賞。

監修者
長谷川眞理子 はせがわまりこ
1952年、東京生まれ。総合研究大学院大学学長。専門は行動生態学、自然人類学。東京大学理学部卒業、同大学院理学系研究科博士課程修了。博士（理学）。イエール大学客員准教授、早稲田大学教授などを経て、現職。主な著書に、『世界は美しくて不思議に満ちている──「共感」から考えるヒトの進化』、『生き物をめぐる４つの「なぜ」』、『動物の生存戦略』、『進化とはなんだろうか』、『科学の目　科学のこころ』などがある。

訳者
梅田智世 うめだちせい
翻訳家。主な訳書に、ウィン『イヌは愛である──「最良の友」の科学』、オコナー『WAYFINDING　道を見つける力──人類はナビゲーションで進化した』、リーバーマン＆ロング『もっと！──愛と創造、支配と進歩をもたらすドーパミンの最新脳科学』、ナッシュ『ビジュアル　恐竜大図鑑［年代別］古生物の全生態』、ドリュー『わたしは哺乳類です──母乳から知能まで、進化の鍵はなにか』などがある。

図説 人新世
ず せつ ひとしんせい
環境破壊と気候変動の人類史
かんきょう は かい　きこうへんどう　じんるいし

2021年11月1日　第1刷発行

著者	ギスリ・パルソン
監修者	長谷川眞理子
訳者	梅田智世
発行者	千石雅仁
発行所	東京書籍株式会社
	〒114-8524　東京都北区堀船 2-17-1
	電話　03-5390-7531（営業）
	03-5390-7500（編集）

編集協力・DTP	リリーフ・システムズ
装丁	原条令子デザイン室
印刷・製本	図書印刷株式会社

ISBN978-4-487-81520-3　C0036

出版情報　https://www.tokyo-shoseki.co.jp
乱丁・落丁の場合はお取り替えいたします。